情绪稳定的人都这样做

1ステップで気分があがる↑気持ちのきりかえ事典

[日]大野萌子 著

毕梦静 译

中国科学技术出版社

·北 京·

Original Japanese title: 1 STEP DE KIBUN GAAGARU ↑ KIMOCHI NO KIRIKAE ZITEN
Copyright © 2022 Moeko Ono
Original Japanese edition published by Fusosha Publishing, Inc.
Simplified Chinese translation rights arranged with Fusosha Publishing, Inc.
through The English Agency (Japan) Ltd. and Shanghai To-Asia Culture Co., Ltd.

北京市版权局著作权合同登记　图字：01-2024-1596。

图书在版编目（CIP）数据

情绪稳定的人都这样做 /（日）大野萌子著；毕梦静译 . — 北京：中国科学技术出版社，2024.7
ISBN 978-7-5236-0599-8

Ⅰ.①情… Ⅱ.①大…②毕… Ⅲ.①情绪—自我控制—通俗读物 Ⅳ.① B842.6-49

中国国家版本馆 CIP 数据核字（2024）第 069984 号

策划编辑	赵　嵘　伏　玥	执行策划	伏　玥
责任编辑	高雪静	版式设计	蚂蚁设计
封面设计	东合社	责任印制	李晓霖
责任校对	焦　宁		

出　版	中国科学技术出版社
发　行	中国科学技术出版社有限公司发行部
地　址	北京市海淀区中关村南大街 16 号
邮　编	100081
发行电话	010-62173865
传　真	010-62173081
网　址	http://www.cspbooks.com.cn

开　本	880mm×1230mm　1/32
字　数	139 千字
印　张	6.25
版　次	2024 年 7 月第 1 版
印　次	2024 年 7 月第 1 次印刷
印　刷	大厂回族自治县彩虹印刷有限公司
书　号	ISBN 978-7-5236-0599-8/B・175
定　价	59.00 元

（凡购买本社图书，如有缺页、倒页、脱页者，本社发行部负责调换）

前言

将负面情绪转化为自己的武器。

"一旦感到愤怒,就会无法控制自己的情绪。"

"在人多的时候会变得紧张,什么话也说不出来。"

"一旦产生'万一遇到这种情况,该怎么办才好'这种不安的情绪,就会变得坐立难安,无心顾及其他事情。"

"过于在意他人对自己的评价,以至于过度悲伤,无法思考。"

应该有许多人都曾经有过上述经历吧?被负面情绪困住,事后仍然久久无法消解。

这些年,我作为企业心理咨询师,聆听过各种咨询者的烦恼。其中许多人都有这样的烦恼:"无法很好地控制自己的感情""被负面情绪所操控""一旦有讨厌的事情,心情就会一直非常不爽,以至于无法继续做之后的事情"。

在这之中,也有人会因为一时冲动造成了失业、家庭关系不和、欠下巨额债务等无法挽回的后果。有许多人因为自身的负面情绪导致他们在很长一段时间内无法继续前行。

如上所述,有许多为自己的负面情绪所烦恼的人,而且大多数人不知道该如何正确地面对负面情绪。

当你被负面情绪困扰时,是如何处理的呢?

试图忘记?无视?当作没有发生?抑或是强行将其转化为积极的情绪?

实际上,上述所列举的处理方法,都会产生适得其反的效果。

这是因为情绪这种东西有这样一种特质：你越压抑它，它就会变得越发强烈。

比如，大家应该都曾有过这样的经历吧：越是想着"这是不能喜欢上的人"，对对方的爱慕之心反而会愈发强烈；减肥时，越是想着"不能吃"，脑海中却反而会浮现出各种美食，食欲也会因此增加。这些现象都是因为发生了"情感的强化"。

总而言之，越想要无视自己的感情，"忘记这种心情吧""当作什么也没发生吧"，就会越想把它埋藏在心底，这样一来反而会被这份感情困住，无论过去多久，都无法忘记这种令人烦闷的心情。

此外，随着情绪的持续累积，最终可能会在某个契机下，导致感情破堤而出，做出极端的行为；抑或是无法应对自己的情绪，从而使自己的内心深陷泥沼之中。比如，平时看着挺老实的人却突然面红耳赤地生起气来，一直到昨天为止都在正常工作的人却突然不来公司上班了……我想这很可能是由于他们无法正确地处理自身的负面情绪，在累积到一定程度之后爆发的结果。

特别是当今社会的人们，大多心思细腻、很在意周围人的看法。因此，他们大多抱着"不想影响周围人的心情""不能破坏气氛"的想法，照顾周围人的情绪，过度隐忍自己的情绪。长此以往，负面情绪会逐渐在他们的心中累积起来，他们的压力也会越来越大。

那么，为什么有那么多人都想要消除自己心中的负面情绪呢？

这是因为大家普遍认为"拥有负面情绪是一件不好的

事情"。

但是，负面情绪绝不是坏东西。

负面情绪其实是一种风向标，你可以借此了解自己的好恶，了解自己人生中所遇到的事情的优先级。当你的心中产生了负面情绪时，当你沉浸在这种情绪中的同时，你的大脑也在对"自己讨厌什么""为什么会产生这种情绪"进行梳理。这样一来，你就可以对失败进行反省，并加以改善。这将会成为你迈向下一个目标的原动力。

总而言之，如果处理得当，负面情绪很可能会成为你人生中强有力的武器。

当心中产生负面情绪时，只要清楚该如何处理自己的情绪，就不会失去自我、遭遇意想不到的失败。

在本书中，我将会对"如何面对负面情绪、如何转化负面情绪并继续进行接下来的行动"进行介绍。你需要做的事情很简单，不需要勉强自己，只需要一步就可以完成。通过运用我在本书中介绍的方法，你可以将负面情绪变成自己的伙伴。

希望大家都能掌握与自身的负面情绪相处的方法，从而不被压力所左右。

大野萌子

目录

能完成指标吗?

咣当

没出现问题吗?

目录

第1章	缓解紧张的方法	1
第2章	提升专注力的方法	25
第3章	激发干劲的方法	41
第4章	抑制愤怒的方法	59
第5章	克服悲伤的方法	77
第6章	消除不安的方法	99

第7章	减轻恐惧的方法	117
第8章	转化遗憾的方法	131
第9章	克服害羞的方法	149
第10章	消除不满的方法	165

索引 183

第1章
缓解紧张的方法

恶性紧张的机制是什么？

"在许多人面前会紧张得说不出话来。"
"在发表演讲时，紧张到身体僵硬。"

无论是谁，在陌生的场合都会感到紧张，但是，紧张并不一定是坏事。

紧张分为良性紧张和恶性紧张。对于自身来说，良性紧张可以对你产生刺激、赋予你力量，从而使你表现得比以往更好。

问题在于恶性紧张。恶性紧张很可能会使你陷入如下这些恶性循环。

恶性紧张的机制

①"万一失败的话，该怎么办才好？""不想丢脸"。
当脑海中浮现出这些想法时，人就会感到紧张。
②为了隐藏紧张而强行控制自己的紧张情绪，露出讨好别人的笑容或者装作和平常一样。
③对于自己是否能隐藏紧张这件事感到不安，变得比平时更在意自己的表现。
④开始出现手心出汗、浑身发抖、脸色变红等反应。
⑤注意到自己的状态和平时不同，于是变得更加紧张。
不断重复这一循环。

一旦想要强行控制紧张的情绪，就会过于在意自己是否很好地控制了紧张情绪，反而会因此变得更加紧张。当变得更加紧张之后，又想要再次控制这种紧张情绪，于是又因此变得更加紧张……就这样陷入恶性循环。在本章中，我将会介绍缓解紧张、避免陷入这种恶性循环的方法。

案例 1

夜晚无法入睡时

明天从早上开始就有非常重要的事情要做,但是越想着"必须早些睡",就越会紧张到睡不着觉……

打开房间里的灯,起床吧!

第 1 章　缓解紧张的方法

第二天有重要的事情，越临近越感到紧张：内心怦怦直跳，睡不着觉……大家应该都曾有过这样的经历吧？

当你晚上睡不着觉时，只需要做一件事，那就是"**不要强迫自己睡觉**"。

"明天有重要的事，所以今天必须早些睡。"

"明天早上要早些出门，所以希望今天能多睡会儿。"

如果是抱着这种想法的话，"必须睡着"的这种压力会使你的身体愈发紧张，反而会更睡不着。所以，必须将"想睡着"这种焦虑的情绪稳定下来。

在这一阶段，首先，我希望大家做的是：**把房间弄亮**。

即使睡不着，也想至少让身体放松一下，从而关上灯，使房间变暗，然后躺在床上。这样做的人应该不在少数吧。但是，当你陷入紧张状态，关上灯使房间变暗之后，你会什么事也做不了。于是，你满脑子都会想着不好的事情，反而会因此更加紧张。

这样一来，你会陷入负面情绪之中，开始担心"万一发生什么意外事件，该怎么办？""如果电车在路上突然出故障了，该怎么办？""如果明天演讲的时候说不出话，该怎么办？"，等等。所以，如果你已经决定"不再强迫自己睡觉"，就请打开房间里的灯吧！

接下来，为了产生睡意，请试着吃些东西。因为食物进入胃里之后，身体为了消化食物会消耗能量，因此会渐渐产生睡意。经常会有人说"吃完饭之后，就变得特别困"，这正是因为身体中发生了上述反应。

在这种时候，我推荐大家选择**牛奶、芝士等乳制品，或大**

5

==豆制品等富含蛋白质的食物==。在深更半夜的时候，选择易消化的热饮会比较好。

由于这些蛋白质中包含了==色氨酸==这种氨基酸成分，而色氨酸是被称为"幸福激素"的==血清素==的组成成分，所以，在进食上述蛋白质之后，人的状态也会因此沉静下来。

如果吃了东西之后依然没有睡意的话，就索性在睡着之前，起床做明天的准备吧。

"担心明天的演讲"的人就在完全背诵之前不断复习明天的资料；

"对考试感到不安"的人就最大限度地做好考试前的准备；

"担心睡过头"的人，为了保险起见，请多设置几个闹钟，也可以拜托家人或朋友在早上叫醒你。

努力到极限，变困之后就能自然而然地睡着了。==如果实在睡不着，也可以就这样一整晚醒着不睡。==在即将面对重要的事情之前，能够酣然入睡，为第二天做好准备是最好不过的；但是，如果一直想着"必须睡着"，这种焦虑感反而会使你越来越兴奋。所以，比起强迫自己睡着，不如干脆选择"==不睡了=="，反而会更容易使你的情绪稳定下来。

人就算一天不睡觉也完全没问题。如果第二天有让你感到紧张的重要事情，轻度的睡眠不足反而可以替你消除紧张。虽然我能理解大家想要尽快放松下来、尽快睡着的心情，但是强迫自己睡着反而会使自己变得更加焦躁。责怪无法入睡的自己，会影响自己第二天的表现。

在面对重要的事情之前，比起强迫自己睡着，进行意象训练以及做好充分的准备，会更有助于提升自己的表现。

案例 **2**

不能失败时

今天有非常重要的谈判。越想着"千万不能失败"就越紧张，甚至没办法正常说话。

一边走楼梯，一边进行正面的意象训练！

身体上的动作是与大脑和心脏相互关联的。因此，当你紧张的时候，身体就会无意识地变得僵硬、自律神经失调，于是就会因此变得更加紧张……这种恶性循环会不断重复下去。

因此，紧张时的铁律是：与其在大脑中思考缓解紧张的方法，不如先<mark>让身体动起来</mark>。活动身体可以促进血液循环，使身体变暖，使肌肉放松。这样一来就可以在一定程度上缓解紧张的情绪。

不过，虽说需要让身体动起来，但没有必要进行高强度的运动。

可以做一些伸展运动或者按摩身体。例如，将肩部向上抬起，然后"唰"地落下。重复进行这样的运动，可以让僵硬的身体逐渐变得柔软，紧张的情绪也能在一定程度上得到缓解。

在这些运动中，见效最快的是：<mark>走楼梯</mark>。走楼梯是可以让全身都动起来的运动，所以，可以给予身体很大的刺激。

虽然我在平时出门时通常都会乘坐电梯，但是，在参加演讲或录节目等紧张的场合之前，我都会尽可能地走楼梯。走楼梯可以让身体变得柔软起来，有助于缓解紧张的情绪。

在走楼梯的时候，我希望大家一定要做的是"<mark>在大脑中进行'我会成功'的意象训练</mark>"。

思想和行动是相互关联的。因此，事前"进行正面的意象训练"能够在很大程度上影响后续的结果。有很多运动员都会在比赛前进行意象训练，就是这个原因。

演讲也是如此。演讲前不断在大脑中强化"<mark>应该会像这样顺利进行下去吧</mark>"这一积极的心理暗示，可以提高成功的概率。相反，如果一直在大脑中加深"可能会失败"这一负面的印象，

第 1 章　缓解紧张的方法

则可能会因此而更容易失败。

虽说如此，但在越是紧张的场合，"我会失败"这一想法越会任性地浮现在脑海中。这是情理之中的事，在这种时候，为了走出大脑中这种负面的想法，我建议大家去不断回想其他人的成功案例。

可以参考软银集团的孙正义先生、迅销公司的柳井正先生等著名人物的演讲录像或者油管网（YouTube）上的演讲视频，也可以看一些综艺节目或者生活类节目主持人的谈话视频。

观察上司或前辈中擅长演讲或谈判的人，将对他们的印象输入大脑，也是一种非常有效的做法。当上司或前辈说话时，我们通常会只顾着观察客户的状态。如果可以的话，我希望大家能抓住机会仔细观察上司或前辈说话时的神情和动作。这样一来，等到需要你发言的时候，你可以更容易地效仿他们。

此外，我还推荐大家不断在大脑中重复进行"演讲进行得很顺利，因此得到了周围人的称赞，还被委任了重要的工作"这种成功的意象训练。意象训练的内容要尽可能具体，一天只进行一次也可以。如果能不断暗示自己"我会成功"，大脑就会逐渐意识到"**成功是理所当然的事情**"，紧张的情绪也可以因此得到缓解。越是重要的谈判，越要整理好资料、进行谈话练习，还要不断进行意象训练，在脑海中描绘"使谈判大获成功的自己"或"自己成功以后的模样"。

案例 3

有人对自己发火时

上司正在训斥你。你过于紧张以至于无法说清楚事情的经过，于是上司变得更生气了。

试着张开手掌，然后握拳。重新转换心情！

当人们被训斥或责备时，通常会感到恐惧，身体也会开始紧张起来。

一旦开始紧张，就会影响自律神经，从而导致你的情绪变得焦躁，很容易说错话或者无法理顺说话的逻辑，于是你就会变得更加紧张，以至于让对方对你更加反感。

当恐惧感袭来的时候，当你觉得"自己没办法保持平常心"的时候，最好的方法就是暂时离开那个场合。当环境发生变化之后，无论你是否愿意，大脑都会接收到一定程度的刺激，所以，你可以借此转换心情。

但是，不可以在对方怒气正盛的时候起身离开。

这时候，我推荐一种可以悄悄转换情绪的方法：张开手掌，然后再使劲握拳。强有力地握紧手掌，然后再"啪"地打开手掌，像这样有节奏地重复这一动作，可以促进血液循环，缓解心情。

此外，通过有意识地重复这一动作，可以让自己慢慢冷静下来，在一定程度上缓解"挨训了，该怎么办才好……"的紧张情绪。

在和生气的人说话时，如果你不想增加对方的怒气，请一定要"将情绪和事实完全区分开"。

在对"为什么会发展到这种地步"进行说明时，如果你只想着表达自己的心情或者追加说明对自己有利的借口，比如"我自己也没想到会变成这样""我已经很努力了"，等等，正在生气的对方是不会接受你的这种说法的。倒不如说，对方听到你的借口就会变得更加焦躁。这样做只会适得其反。

能让生气的对方理解你的不是借口，而是说明。所以，无论对方问你什么，你都只对事实进行说明就可以了，这是最好的做法。比如，"按照时间顺序来说的话，先是发生了 XX 这件事，然后又发生了 YY 这件事。当时，我做出了 ZZ 这样的应对措施……"等。总之，要时刻牢记：==以事实为依据，与对方进行对话==。

当对方生气时，会需要你对"为什么会发生这种事"进行说明。因此，在回答的时候基于事实进行有条理的说明，可以避免让对方更加生气。

"不想被训斥""我没有错"……如果像这样只进行感性思考的话，你自己也会变得紧张、焦虑起来。但是，如果能在大脑中只对事实进行梳理，就能慢慢冷静下来，不再紧张。

当看到对方生气的样子时，人们通常会下意识地说出"抱歉""对不起"。但是，过度道歉反而可能会让对方觉得"你是想口头说声'对不起'就算了吗"。

如果你想向对方传达自己的歉意，也不要一直向对方道歉，可以在开头或结尾加上总结性的说明，比如==“把事情弄成这个样子，真的非常抱歉”"事情没能按照我预想的那样发展，真的非常抱歉”==等。这样一来，也许可以使对方对你的印象有所改观。

案例 **4**

因为时间紧迫而变得焦虑时

距离截止日期只剩几天了。太过焦虑反而会变得更加手忙脚乱。

暂时放下手头的工作,留出时间转换心情!

马上就要到截止日期了，但是该做的工作却还没有做完……

在这种情况下，无论是谁，都会脑袋发蒙。一旦开始焦虑，大脑就会无法做出冷静的判断，所以，平时很轻松就能做好的事情也做不好了，需要不断修改才行。这样一来，反而会花费更多的时间。

俗话说"欲速则不达"。为了避免这种情况发生，==重新调整好心态==，才是关键。

但是，在焦虑不安的时候，人们通常会很难察觉"自己现在十分焦虑"。当你无法顺利地完成平时可以完成的事情或者小错误不断的时候，希望你能察觉到"==现在时间紧迫，所以我很焦虑=="这件事。

比如，弄错了电子邮件收件人的地址、犯了简单的计算错误等。当你犯了平时不会犯的错误时，正是你意识到"自己很焦虑"的好时机。

当你不断地犯下一些小错误时，就是你需要重新调整自己心态的时候。

在重新调整心态时，我希望大家能"==暂时放下手头的工作，去做点别的事情=="。

也许你会想"时间都那么紧迫了，哪里还有时间去做别的事情"，但是，还是请你暂时放下手头的工作。

比如，如果你正在做与 A 公司这个客户相关的工作，那么，在这种时候，请试着去做与 B 公司相关的工作；如果你正因为写报告书而焦头烂额，那么，你可以先放下报告书，去回复一些邮件、计算一下经费或者打个电话。像这样，去做一些和现在正在做的工作完全不同种类的工作。

如果你的心情能放松下来，那么，当你再回到原先的工作中时，你的工作效率也会有所提升。所以，我建议大家设定一段时间，在这段时间内你可以在网上购物或冲浪，也可以喝个茶、吃个饭、洗个澡、散散步。

但是，要注意==不要在转换心态这件事上花费太长的时间==。

当你将精力集中在其他事情上时，你的心情可以得到放松，所以，如果时间充足，你可以用一小时的时间来放松身心，比如，看看电视剧等。

另外，当==环境发生变化==时，人的心情也会随之发生很大的转变，所以，如果你有几天的时间，那么，下定决心来个一日游也是一个不错的选择。

也许你会觉得"我很焦虑，所以根本没有心思出去旅游"，但是，环境的改变对于转换心态是非常有效的。

就我自身的情况而言，当时间紧迫，手里还有一堆事情的时候，我会选择去泡温泉或按摩，以此来转换心情。于是，在很多情况下，我都会不可思议地想出解决对策，让正在烦恼的工作也能顺利地进行下去。

请大家根据截止日期前剩余的时间，随机应变地实践一下我的建议吧！

案例 5

想被他人认可时

越想让后辈看到自己能干的样子，就越紧张，以至于没办法无所顾忌地工作。

失败是"提升好感度的要素"！

想让下属或后辈觉得自己是"能干的上司"或"可以依赖的前辈",有这种想法再正常不过了。但是,越是想着"想让他们看见我值得信赖的样子",就会越紧张,以至于没办法无所顾忌地工作。说起"能干的上司的样子"或"值得信赖的前辈的样子",大家普遍会认为是有领导力、工作起来风风火火的人。所以,有许多人因为自己不是这类人而感到苦恼。不过,也许我们只需要改变对于这两者的定义,就能解决这一烦恼。

实际上,让大多数人觉得"能干"或"值得信赖"的人,并不是工作能力强的人,而是能认真聆听对方说话、能接受对方想法的人。

无论有多优秀、多能干,哪怕是从未失败过的人,如果不能认真听取下属或后辈的意见,也会被看作是"独裁者",从而无法获得他人的尊敬。

反过来说,只要有"**理解力**"或"**包容力**",就有了足够的资本来赢得他人的尊敬。因此,==**必须让大家看到我的领导力才行**""**必须让大家看到我威风凛凛的样子才行**"都是没必要的,不这么勉强自己也完全没问题==。

你可以看准时机,询问下属或后辈"有让你觉得困惑的事情吗",或者询问一些工作的进展情况等。最重要的是能给对方提供一个表达自己的氛围。

作为上司,肯定会有人"希望能得到下属的好评"。然而,如果一心想要"让对方觉得我很好",然后以此为出发点来行动的话,通常会让自己变得非常紧张。

进一步来说,即使想以"让对方认为我很好"为出发点来行动,你的行动是否真的会让对方觉得你很好,也要依据对方的接受方式而定。

比起思考"别人是怎么看自己的",更要把"接受对方"这件事放在第一位。这关系到对方最终能否认可你,而且这也是能让自己在不紧张的状态下完成工作的最佳方法。

即使你想告诉对方你的一些经验,但如果你在迄今为止的人生中没怎么有过失败的经历,或者对方曾在失败时被他人轻视过,那么在这种情况下,对方会觉得"虽然你嘴上这么说,但其实你也不想在后辈或下属面前失败吧"。

事实证明,当自己越紧张时,就越容易将紧张的情绪传递给下属,从而形成恶性循环。实际上,失败次数多的人更容易让对方**感到亲切**。不存在从未失败过的人。如果上司或前辈能分享自己失败的经验,帮下属避开雷区的话,对于下属来说,反而能更加安心地工作,心情也会因此变得轻松。

请铭记:失败与其说是你的缺点,倒不如说是**提升他人对你的好感度的要素**。只需这样想,就能缓解"不能失败"这种压力所带来的紧张感。

当对方察觉到你想要让别人觉得你"是很厉害的人"时,对方反而会和你保持距离。

不要向他人"推销"自己,而是学会**接受对方**。这是成为"能干的上司"或"值得信赖的前辈"的最佳捷径。

案例 6

与他人初次见面时

在与他人初次见面时，平时那种极度认生的性格会让自己变得十分紧张。

在见面之前，看3秒喜欢的照片！

无论是谁，在与他人初次见面时都会感到紧张。缓解紧张的一个好办法就是"**看喜欢的照片**"。

可以是优美的风景、可爱的动物、自己喜欢的艺人、非常重要的亲人的照片，也可以是蛋糕或花朵的照片。只要是自己喜欢的东西，无论是什么都可以。

通常，人们在看到自己喜欢的东西之后，心情会放松下来，表情也会变得自然。

在面试等紧张的场合来临之前，可以用手机看自己喜欢的照片3秒左右。只需这样做，就可以让心情得到放松，表情也能变得更自然。当紧张感得到缓解，身体也不再僵硬之后，自然就可以给对方留下好印象。

另外，当你越想给对方留下好印象时，身体上的动作就会越用力。然而事实证明，要想给对方留下好印象，就**不要做出奇怪且多余的动作**。

这是因为只要你有"想让对方这样看待我""想让对方觉得我是个不错的人"这种想法，你的身体和表情就会因此变得紧张，而这份紧张也会传递给对方。所以，你们之间的谈话很容易因为不自然的氛围而终止。

不要高看自己，也不要伪装自己。这对于给对方留下好印象非常重要。

此外，当大脑由于紧张而变得混乱时，铁律是："**去关注自身以外的事情**"。

因为过于紧张导致说话结巴、开始冒汗、脸色变红……在这种时候，为了转移自己的注意力，请试着去关注其他的事情。例如，风的声音、车的声音、复印机的声音等。通过关注自身

第 1 章　缓解紧张的方法

以外的事情，可以让自己的紧张情绪在一定程度上得到缓解。

此外，我希望大家一定要知道：在与他人初次见面时，感到紧张的<mark>绝不仅仅是你自己</mark>。

无论是什么样的人，在与他人初次见面时都会感到紧张。当你感到紧张时，也就意味着对方同样也会感到紧张。

无论对方看起来有多么从容，只要你在心里想着"对方也一定很紧张吧"，你的心情就能因此而有所放松。

即使你现在与他人初次见面时会感到非常紧张，但是，当你经历的次数多了，对于这种状态越来越习惯之后，就不会再感到紧张了。即使你现在正在为这种紧张的情绪所烦恼，也并不意味着这种紧张感会一直伴随着你。请把你现在所感受到的紧张都当作是"<mark>为了自己之后不再紧张所进行的修行</mark>"吧！

另外，当你与比自己年龄小或职务低的人见面时，我希望大家注意的是：即使你想与对方拉近距离，也不要从第一次见面开始就不使用敬语。

也许你是想表现自己的亲切或平易近人，但是，不同的人会对你的这种做法有不同的看法。不排除有人会因此觉得你说话的方式和态度很失礼。有不少人会对不熟的人的一些没有边界感的做法感到不适。

初次见面是探寻与对方之间距离感的重要时机。正因如此，在初次见面时，最安全的做法是尽可能地使用敬语。

专栏

缓解他人的紧张情绪

Q 下属在发表重要的演讲前变得非常紧张，甚至连一句完整的话都说不出来。我让他"别紧张"，他却反而变得更加紧张。在这种时候，要怎样做才能缓解下属的紧张情绪呢？

A 当下属紧张的时候，如果你想鼓励对方，那么不要说"没关系，如果是你的话，肯定没问题"这种抽象的话，而要尽量说得具体一些，比如："你一直以来都做得很好，不是吗？"

因为即使你用"没关系""如果是你的话，肯定没问题"这种抽象的语言来鼓励对方，但从对方的角度来看，会觉得"明明就有关系""你只会口头上说说罢了"，从而无法感到安心。

为了不让对方产生这种想法，重要的是要先给予对方具体的鼓励。

"你的声音很有穿透力。所以，如果你能静下心来发言的话，应该能让对方感受到你的诚意。"

"不愧是做过严密的调查，你做的这个幻灯片真的很易懂。这样一来，客户那边看到这个幻灯片之后，也一定能理解我们的想法，所以，你要拿出自信来呀！"

此外，为了更好地鼓励下属，还可以说："你真的很适合这份工作，所以，今天一定会很顺利。""就算万一有什么突发情况，还有我在呢，所以，你就尽情地去做吧！"下属在听到这些话之后会感到安心，心情也会逐渐

第 1 章 缓解紧张的方法

平静下来。

Q 8岁女儿的钢琴演奏会日益临近。这将是她人生中第一次在其他人面前演奏钢琴，所以，不知道是不是因为过于紧张，她突然就哭了出来，心情怎么也没办法平静下来。我该怎样做才能缓解女儿的紧张情绪呢？

A 对她进行"演奏会＝开心的事情"这一意象训练。

孩子之所以会在演奏会之前感到紧张、哭出声来，是因为在她看来，"演奏会＝可怕的事情。演奏会是不能失败的事情"。

无论是大人还是孩子，站在舞台上都会感到紧张。如果是良性紧张的话倒还好，但这种让孩子觉得"不能失败"的恶性紧张所带来的压力很可能会在不知不觉间将孩子逼入绝境。

此外，在演奏会开始的前几天，家长可能也会感到紧张，失去平常心，然后，家长又将这种紧张感传递给了孩子。当家长在无意识的情况下对孩子说"如果现在不好好练习的话，到时候万一在演奏会的时候搞砸了，丢人的可是你自己""如果到时候没表演好的话，烦恼的可是你自己"等话，会导致孩子对于演奏会的印象越来越差。为了避免这种情况发生，为了让孩子觉得"**演奏会＝开心的事情**"，家长们需要在演奏会前的几周就对孩子说"大家能听到你演奏的乐曲,都会很开心呢""其他孩子会演奏哪首曲子呢?咱们一起期待一下吧"。

另外,有的家长越是在演奏会前几天的紧张时刻,就越是想要制定豪华的菜单、给孩子准备各种她爱吃的东西,想要以此来鼓励孩子。但是,这只会徒增孩子的压力。

这是因为当你让孩子觉得这几天"很特别"时,她的紧张感也会随之增加。因此,我建议可以在演奏会结束之后再进行庆祝,但是在演奏会之前的这几天里,就用普通的菜单,让孩子保持平常心吧!

第 2 章
提升专注力的方法

保持专注力所不可或缺的"血清素"

当沉迷于自己喜欢的事情时,无论是谁都能瞬间提升自己的专注力。

平时,自己能埋头去做的事情,或能让自己忘记时间沉迷其中的兴趣爱好,都是提升专注力的绝佳帮手。

对于想要提升专注力的人来说,最好的方法是先**找到自己喜欢做的事情**,然后增加集中精力做这件事的时间。

废寝忘食地看小说、组装自己喜欢的模型、看自己喜欢的电视剧,这些都可以。

在提升专注力这件事上,"**血清素**"是不可或缺的存在。"血清素"也被称为**幸福激素**,具有稳定情绪的作用,对于情感的控制有很大作用。如果人体内的血清素含量不足,就会很难转换心情,甚至会影响专注力。

那么,该怎样做才能让自己体内的血清素含量保持充足呢?

方法之一就是进行**有规律的运动**。每天 20 ~ 30 分钟即可,可以试着爬楼梯或者走路。除此之外,散步或打扫卫生等也可以,只要能让身体动起来,身体就会分泌血清素。

还有很重要的一点是,摄入**色氨酸**这一必需的氨基酸。

色氨酸存在于乳制品、大豆制品、香蕉、坚果等食物中，是形成血清素的原料。

一边寻找自己喜欢的、能够集中精力去做的事情，一边注意运动和饮食，这样一来就可以提升自己的专注力。不要因为觉得自己"天生就注意力不集中"而轻易放弃尝试这些方法，请一定要实践一下本章中所提到的应对方法。

案例 7

工作的截止日期迫在眉睫时

当一项工作截止日期迫在眉睫时，又被分配了其他工作，或者有信息、电话需要回复等，导致自己无法集中精力做手头的工作。

屏蔽电子邮件和手机上的消息！

第2章 提升专注力的方法

当你有无论如何都必须完成的重要工作时，首先，要营造出**"能让自己更容易集中精力的环境"**。

发信息和接打电话是导致现代人专注力大幅下降的首要原因。

好不容易开始集中精力工作，但是当收到信息或有电话打来时，注意力就又被打断了，之后又要重新集中精力工作……为了不在工作的时候被打扰，你可以试着**拔掉电话线、将手机调至静音模式、不看电脑上的邮件**等，切断自己与外界的关联。

不仅是手机、电话和电脑，要彻底屏蔽所有可能会影响自己专注力的事物。比如，当周围的工作环境很吵时，你可以戴上耳塞，去会议室里待着。除此之外，也可以提前告诉身边的人"我今天有必须要完成的工作"，尽可能地营造出一个不会被周围人打扰的环境，通过屏蔽外界的信息，提升自己的专注力。

这也许听起来是一件非常简单的事情，但是，是否营造了一个能让自己集中精力的环境，会对工作的结果产生不同的影响。

为了提升专注力，减轻心理压力也非常重要。

所以，去营造能让自己放松的环境吧！

具体来说，当你觉得"今天的专注力有所提升""今天的工作效率有所提升"时，用笔记录下当天自己是在什么样的环境和条件下工作的，然后，以此来总结出适合自己的环境。

所谓"能集中精力的环境"，也是因人而异的。

例如，有的人在办公室工作时效率会很高，而有的人在有些杂音的咖啡店等地方工作时，反而能提高自己的工作效率。"在这个场所工作时，我的专注力能有所提升""放这个音乐的时候，工作通常都进展得很顺利""当我喝这个饮品时，心情就

29

能平静下来"……当你察觉到这些条件时，一定要及时记录下来。

之后，就将适合自己的"提升专注力的场所"、"提升专注力的歌单"和"提升专注力的食物清单"等，罗列出来吧！

当你明明想集中精力做好眼前的工作，却被分配了其他工作时，通常都会感到很为难。因为一个人的精力是有限的，如果超出这个范围，就会无法保持专注。

在这种情况下，既然还没完成手头上的工作，也就没办法去做别的工作。因此，就干脆地拒绝吧！

重要的是拒绝时的**说话方式**。

"因为我手头这项工作的截止日期马上就要到了，所以我现在还没办法着手做这项新的工作。"

"我现在手里的这项工作明天就能做完，所以，我可以从后天开始做您给我安排的新工作吗？"

就像这样，将自己当下的情况和解决方案一并如实地告知对方吧。

可能会有人在想"拒绝被分配的新工作，难道不会给同事添麻烦吗"，但是，如果不能果断地拒绝对方，这项新工作就会超出自己可以承受的范围，从而导致自己的工作质量下降。所以，也许不拒绝反而才会给同事添麻烦。

在无法调整自己当下的状态时，比起敷衍了事或半途而废，干脆地拒绝才不会给对方添麻烦，也不会让他人对自己产生偏见。

案例 8

从事单调的工作时

越是重复做同样的工作,越觉得头脑发蒙,无法集中注意力。

调暗电脑的亮度!

你是否曾经有过这样的经历：当你想集中精力做一些重复性的单调工作时，会打开房间里的灯或者选择窗边的座位等，有意识地为自己营造出明亮的环境。

实际上，这些行为对于想要提升专注力的人而言，并没有什么效果。

这是因为过于明亮的环境会让人感到紧张，变得心浮气躁。因此，过于明亮的环境是从事单调工作时的大敌。即使你想集中精力，也没有必要为自己营造一个过亮的环境。

如果是晴天，你可以==拉上窗帘==。然后，尽可能地==背对着窗户==，或者==不靠近窗户那侧==，这也是提升专注力的重要技巧。此外，在咖啡厅等场所工作时，许多人可能会想选择窗边的座位，但是，我更推荐大家选择==太阳光照不到的内部区域==。

还有一个大家可能想象不到的光源是电脑显示器所发出的光。也许大家会在自己想要集中精力的时候，不假思索地调亮显示器的亮度。但其实，集中精力工作时并不需要太强的亮度。倒不如说，过于明亮的电脑显示器，会分散你的注意力。

当你觉得"今天无法集中精力工作"时，可以试着==调暗电脑显示器的亮度或者关掉房间里的灯==。

另外，在你进行单调的重复性工作时，一旦沉迷其中，很可能会使自己的精力过度集中在这件事上。所以，尽可能细致地制定出开始和结束的时间，可以让自己的身体和大脑在不感到疲惫的状态下结束工作。

虽然会因为年龄、环境以及个体差异而有所差异，但一般来说，人能集中精力的时间是==45分钟左右==。我长年以日本自卫队队员为对象进行研究，他们对我说"请务必让我们每50

分钟休息一次"。这是非常合乎常理的事情。

因为越是在做单调的重复性工作时，通常越容易沉浸其中，所以，我希望大家能牢记这一点：**每工作 50 分钟之后，休息 10 分钟**。

在这 10 分钟的休息时间里，去做一些与现在正在做的工作完全不同的事情，会更有利于转换心情。

如果是在办公室里工作的人，可以试着做一些深蹲或者散散步等，活动一下身体。

如果是从事体力劳动的人，则可以在这 10 分钟里听听音乐、眺望一下远处的景色。

可能有人会担心"万一从工作中抽离出来之后，大脑的模式发生了转变，该怎么办"，但其实，大脑对于只要是已经开始但还没有解决的课题，会在无意识的情况下持续跟进。同时，在你休息期间，大脑会对相关的内容进行梳理，所以当你再回到工作中时，专注力反而会有所提升。

当许多人在一起工作时，我希望大家注意的是自己说话时声音的音调。

当你想让大家的情绪高涨起来时，很可能会下意识地扯着嗓门喊，或者说话时的声调会不由自主地变高。我建议大家在说话时尽可能地**放低声音**。因为比起音调高的声音，音调低的声音更容易让对方听进去，更容易进入对方的大脑。在心理辅导等场合中，用较低的声音与来访者交流，更容易让对方接受你的观点。

在越是需要团队合作的时候，越要对声音的音调多加注意。

除此之外，在听音乐时，比起激昂的乐曲，**舒缓的乐曲**更有利于提升我们的专注力。

案例 9

参加不感兴趣的会议时

越是想集中精力地听对方说话,大脑里却越是想着其他事情。

间隔 10 ~ 15 分钟,主动发言!

在参加会议时，提升专注力的关键是 <mark>提前决定会议结束的时间</mark>。

这是因为在大多数情况下，没有提前确定好结束时间的会议，通常都会拖到很晚才结束。因此，随着时间的推移，你会逐渐变得没有干劲，专注力也会理所当然地下降。相反，如果能提前决定会议结束的时间，你可能会想"在会议结束之前，要集中精力，认真参与其中"，这样一来，反而可以提升专注力。

因此，我们需要提前决定会议结束的时间。为了能让会议在预定的时间结束，我们还需要提前确定好相关事项和会议流程，这样做也有利于提升专注力。

但是，当开会的对象是上司或客户时，是很难由自己来决定会议的结束时间和流程的。

所以，我建议大家在会议日程确定下来之后，尽早向对方说明会议的时间范围。

"因为我还要参加其他的会议，所以，请允许我在 11 点之前结束这场会议。"

"因为我和其他客户约好在下午 3 点见面，所以，我下午 2 点要离开公司。"

因为如果没能在事前告知对方会议的时间范围，可能会有人因此而发火。"事后才告诉我们，这也太不讲究了吧？"

应该也会有这样的会议：虽然确定了会议结束的时间，但自己依然无论如何也提不起兴趣，始终无法保持专注。当无法集中注意力时，最佳的解决方案是让 <mark>自己积极踊跃地发言</mark>，主动参与到会议中。

当你觉得自己"被迫参加与自己无关的会议"，只是一味地听其他人发言，当然会渐渐失去热情，专注力下降。

在这种情况下，可以让自己积极主动地发言。当大脑在进行思考的时候，你就不会觉得困了。

关于发言的时间间隔，我建议 **10～15 分钟一次**。这样一来，在自己不发言的时间里，可以思考其他发言者所说的内容或自己想要提出的问题，大脑也不会因此变困。

如果你对其他人的发言没有不同意见，那么你可以对他们所说的内容进行确认。例如："刚才您所说的，是这类事情吧？""这个，是指这种类型的事情吗？"

在人群中站起来发言的要点是：在理解前一位发言者所说的内容之后，再开始提问或发表自己的见解。

比如，当上司说"需要制定与这一领域相关的新的规章制度"时，你不要直接提出疑问说"您说的是什么意思呢"，而要像这样进行提问："我也认为确实有必要制定新的规章制度。具体来说，您是怎样考虑这件事的呢？"

就像这样，一定要采用组合式的提问方式**"重复对方所说的话 + 自己提出疑问或发表见解"**。这样做会更容易让对方回答你的问题，也会更容易让对方觉得"这个人有认真地听我说话"。

此外，在会议的最后，当被问到"大家还有什么问题吗"的时候，我想，大多数人都会选择不发言。但如果时间充足的话，请试着率先提出问题吧！

这样一来，你可以当场提出自己不明白或感到模棱两可的内容，而且最重要的是，在意识到自己会进行提问的时候，你的专注力也会随之上升。

案例 10

开车时

长时间、夜间、恶劣天气。在无法集中精神开车的情况下，却比平时更想集中精神。

摄入"糖分 + 咖啡因"！

在开车的时候，哪怕只是非常微不足道的判断失误，也可能会危及生命，所以，无论如何都必须保持注意力集中。然而，在开车时，身体需要在无法移动的状态下长时间保持相同的姿势不变，这样一来，就无法通过运动对大脑产生刺激，所以，如果中途不休息的话，人会变得渐渐无法集中注意力。

为了能在开车过程中保持注意力集中，我希望大家能定时休息一下。

就像我在上一节中所说的那样，人的注意力只能维持 45 分钟左右。如果你需要开 **1～2 小时** 的车，那么，就在中途休息 **10～20 分钟** 吧。具体情况需要具体分析，有时也可以 **稍微睡 5～10 分钟**。

如果睡得太久，大脑可能会发蒙。短时间的睡眠则可以让大脑变得活跃起来。

此外，我希望大家在休息时能摄入一些 **糖分和咖啡因**，而能以最快速度同时摄入这两者的方式就是喝 **加了糖的咖啡**。

在这个世界上有许多营养物质，而糖分是能让大脑保持运转的最重要的原动力。因此，如果糖分摄入不足，大脑就会无法运转，专注力也会降低；而且，咖啡因可以使神经兴奋，所以在喝了咖啡之后，大脑会变得清醒，注意力也能更加集中。

有些人在开车时可能会"通过喝黑咖啡来刺激大脑""通过嚼无糖口香糖让自己保持清醒"。然而，像喝黑咖啡这样只摄入咖啡因是无法保持注意力集中的，嚼无糖口香糖也不能让大脑变得活跃。

最近，由于开始流行控糖减肥法，有许多人都选择开始戒糖，但是，戒糖只会降低你的专注力。与此同时，有许多人喜欢零卡零糖的食物和饮品，但是，即使这些零卡零糖的食物或饮品有甜味，也不是它们本身所含有的糖分，所以这些能让你感受到的"甜味"并不能作为营养物质给你的大脑提供营养。

正因如此，当需要长时间驾驶时，我建议你喝加了糖的甜咖啡。如果不喜欢喝甜咖啡只能喝黑咖啡的话，为了补充营养，你可以再吃一小块巧克力，以此来保证咖啡因和糖分的摄入。

另外，通常人们之所以在喝了能量饮料之后专注力就会迅速上升，是因为他们同时摄入了咖啡因和糖分。然而，能量饮料中糖分的含量过高，只喝一瓶就会导致卡路里超标，而且单价也很贵，所以，不需要特意去喝价格昂贵的能量饮料，只需喝加了糖的咖啡，应该就能感受到显著的效果。

需要注意的是，糖分和咖啡因摄入过多也不是一件好事。一般来说，每天喝 **2～3杯（马克杯大小的杯子）** 咖啡，每杯咖啡里放 **2块方糖**，应该就足够了。

除此之外，需要格外注意的是，当你心神不定的时候，无论怎么做都会被负面情绪所干扰，注意力也会无法集中。

比如，因为亲人或朋友去世、在工作中犯了非常严重的错误等而导致心情低沉的时候，或者与别人吵架、遇到不讲理的人而感到非常生气的时候……

在这种时候，比起强迫自己集中注意力，我认为选择"不开车"是更正确的做法。

第 3 章

激发干劲的方法

如何激发"干劲"？

有许多人会经常拖延自己必须要完成的事情或是自己想做的事情。

"因为现在很忙。"

"因为现在还有其他事情要做。"

似乎只要能找出这样或那样的理由，就能装作看不见"自己应该做的事情"。即使觉得"我今天真的想做这件事"，但一天的时间一眨眼就过去了，在傍晚的时候又会变得焦虑不安。我相信有这种情况的人应该也不在少数吧？

那么，为了激发自己的干劲，集中精力去做自己应该做的事情，要怎样做才好呢？

请试着回想一下那些可以让你小时候废寝忘食地沉迷其中的事情。玩游戏、看书、看电视、画画……我们生来就具备可以一直集中精力做喜欢的事情的能力。这样来看的话，行动会根据情绪而发生变化。那么，该怎样做才能控制好我们的情绪呢？

方法之一是"**从形式上入手**"。例如为了做某项运动，而买齐相关的用具；为了做料理，而购买质量上乘的锅。也许会有人下意识地认为，从形式上入手只不过是在做表面功夫罢了，但其实，通过抓住这件事中自己感兴趣的部分，确实可以更好地激

无语了……

发自己的干劲。而且，因为进行了先行投资，所以就会有想要回本的心情。举个身边常见的例子，比如在开始工作或学习前，仅仅是整理了一下桌子周围，就会更容易使自己充满干劲。

香味或**声音**也同样有效。例如，咖啡的香气有使人放松的效果，没有歌词的纯音乐以及咖啡厅的白噪声等，也可以让人集中注意力。

案例 11

工作堆积如山时

不知道该从何处入手，提不起干劲。

写出需要做的事情，并对其进行排序。总之，先行动起来！

工作堆积如山，不知道该从何处入手，提不起干劲……

不过，哪怕嘴上说着"没有干劲"，也切忌真正陷入思维停滞的状态。人类的大脑一旦停止思考，想要再次启动就需要花费很长时间，所以，无论做什么都可以，请先行动起来。

话虽如此，如果不管不顾地先行动起来，很可能也不会进展顺利。因此，我希望大家能够先整体掌握自己现在的处境，<u>写出自己应该做的事情</u>。

通过浏览"自己应该做的事情"，可以在大脑中梳理原本模糊不清的任务，这样一来，自然而然就知道该从哪里入手了。

如果只是通过大脑来回忆的话，很可能会记不清楚细节，该做的事情也可能会忘记。为了切断这个循环，请务必写下应该做的事情，使之可视化。

在列清单时，可以将其写在纸上，也可以使用能对这些事情进行可视化管理的应用程序或网页等。

在把该做的事情全部写出来之后，<u>请给这些事情排序吧</u>！排序的宗旨是：从截止日期最早的事情开始做起。

比如：A 资料需要周三早上提交，B 资料需要周四提交，所以，要先从 A 资料开始做起。

但是，有时也可能会出现这种情况：虽然自己心里清楚这项工作的优先级比较高，但是在真正开始做之后，却发现这项工作做起来非常耗费时间，所以，今天怎么也不想再做这项工作了。即使心不甘情不愿地做了这项工作，效率也会非常低，所以在这种情况下，可以从<u>对自己来说容易做的工作</u>开始做起。

当你轻松地完成一项工作之后，你的工作热情也会越来越高。所以，先从自己容易入手的工作开始做，以此来提高自己的工作热情，激发自己的干劲吧！

如果你正处于"连写出自己该做的事情都不愿意"这一阶段，那么，请你去做==在当下这个瞬间，看起来似乎能立刻着手去做的一件事==。

例如，给别人回邮件、打电话、打印资料等。

为了营造出有利于工作的环境，请将办公桌的桌面整理干净。

试着去那些往常能让自己充满干劲的地方工作。例如，去那些不会让自己在无意中被分散注意力的场所（例如，那里没有你还没读完的书或者还没看完的电视剧等），或者是手机和电脑接收不到信号的场所。

哪怕只是完成了一项微不足道的工作，你的成就感也会油然而生。当你有了成就感之后，大脑也会变得活跃，所以在这种时候，你很可能会充满热情地想要把其他的工作也一口气做完吧！

案例 **12**

居家办公时

不仅看不到同事们,而且家里还有电视、书、床、手机等诱惑,迟迟提不起干劲……

改变办公时的场所或椅子!

随着时代的发展，有越来越多的公司开始实行居家办公，也有越来越多的人一周有一半以上的时间都在家里办公。当然，有些人很适合居家办公这种模式，但是我也曾听很多人抱怨过"在自己家里工作，无论如何也提不起干劲"。

居家办公时提不起干劲的重要原因是没能成功地"==转换心态=="。当你去公司上班时，一定会在固定的时间起床，梳洗打扮一番之后，乘坐满员的公交或地铁去公司。这一整套流程都是在你将自己的状态转换为工作模式之前的某种==转换心态的过程==。

但是，当你在居家办公时，是没有这一过程的。你不需要顾及旁人的眼光，可以随时随地地躺下，可以自由自在地休息。

这种状态在没有线上会议的日子里会更加严重。头发也不梳，下半身穿着一条睡裤就开始一天的工作……应该会有很多人是这样的吧？

如果不能将工作分出轻重缓急，就这样浑浑噩噩地度过一天的话，是无法提起干劲的。

如果不将一天的时间清楚地划分出"工作时间"和"休息时间"，虽然身体上会觉得很轻松，但是，由于无法转换心情和状态，工作效率会直线下降，可能到半夜也完不成工作。

对于激发干劲这件事而言，"意识的转换"是最重要的事情之一。

如果你无论如何都无法在远程办公时鼓起干劲，那么，请试着脱掉睡衣睡裤，穿上工作时穿的工作服或制服吧。换上工作服或制服、化妆、整理发型。虽然这样做并不是要去见谁，==但哪怕只是这样梳妆打扮一番==，也会更容易提起干劲。

即使只是这样，心态也会随之转变为工作模式，逐渐提起干劲。

不仅是服装，区分"**场所**"对于提升干劲而言也十分有效。

贪心一点来说的话，我认为将生活的场所和工作的场所区分开来会比较好。但是，因为家里的空间有限，"其他房间有家人在，所以行不通""因为家里只有一个房间，所以不行"，应该会有这样的情况存在。

如果是这种情况的话，那么，只是改变**坐着的椅子**也会有效果。

而且，即使是在同一张餐桌上，如果你平时吃饭时习惯坐在右侧，那么当你工作时就试着坐在左侧，像这样**试着改变平时坐的位置**也是一种方法。当你坐的位置发生变化之后，映入眼帘的风景也会有所不同，于是心态也就能自然而然地重新振作起来。

对于无论如何都无法在家里顺利工作的人，我建议你们尝试去图书馆、咖啡厅、共用工作空间等各种各样的场所办公。

我的一位熟人曾经对我说过她的经历。"在居家办公时，我的工作一直进展不顺利，这让我非常为难。在我尝试了各种方法之后，我发现当我在车里办公时，工作竟然进展得很顺利。所以从那以后，只要是居家办公，我都会选择在车里工作。"

"转换心态"的方法因人而异，同一种方法对于不同的人而言，效果也可能会千差万别，所以，请一定要去寻找适合你自己的场所、服装、环境等，去创造能让自己集中精力的条件。

案例 13

为了考取资格证书而学习时

考试日期日益临近,但却怎么也不想学习……

"解决 10 个问题就吃一块巧克力。"
设定奖励!

虽然考试迫在眉睫，但学习却毫无进展。

明明考试日期越来越近，却怎么也无法提高学习效率。

在这种时候，该怎样做才好呢？

在这种情况下，有效的做法是"细分需要学习的总量。在每完成一个阶段的任务之后，给自己==准备奖励=="。

为什么需要将总的目标进行细分呢？这是因为当人们面对一个过高的目标时，通常会失去干劲。

例如，当你被要求"把这 10 张卷子一口气做完"时，因为这个要求的难度太高，所以你很可能在做到一半的时候就会感到厌倦。然而，当你被要求"把这 10 张卷子分 10 次来做，每次做一张"时，难度就一下子降低了，你就会觉得"这样的话，也许我能办到"。不是吗？

即使是很高的目标，在将其细分成一个一个的小目标之后，对于大多数人来说，都能集中精力完成任务。

如果你准备参加某项资格考试，那么不要将目标设定为"把这本参考书全部做完"，而是"每天看 30 分钟参考书，做自己会做的部分"。像这样，将总目标细分为一个一个的==小目标==。

在将目标细分之后，接下来，我希望大家做的是==设定奖励==。

许多人经常会觉得"学习，重要的是弄懂不懂的。但如果可以选择，我其实并不想学习"。因此，只要想着"今天必须学习"，就会压力倍增。

为了改变这一固有的印象，可以将"目标"和"奖励"组合在一起。

- "每学习 30 分钟之后，听 1 首自己喜欢的曲子来放松身心。"
- "每看 30 页参考书之后，看 15 分钟自己喜欢的动画片。"
- "在桌子前坐了 2 小时之后，就去吃些自己喜欢的零食。"

这样一来，"学习 = 讨厌的东西"这一印象就会逐渐被淡化，你就能更容易说服自己开始学习。关于奖励，非常重要的一点是，要尽可能地准备能让自己情绪高涨的东西。

这种学习方法不仅对于大人有效，对于孩子而言也同样有效。

对于虽然坐在桌子前看参考书，但学习却依旧没有任何进展的人来说，也许换一本教材会比较好。

另外，有些人很难通过文字来获取信息。如果你也属于这类人，那么你可以尝试使用**有声书**或网络上的动画教材，通过声音或动画来进行学习。

除此之外，你还可以去上相关考试的培训班。最近，应对各种考试的一对一**网络授课**也很受欢迎。

学习方法没有标准答案。即使你的学习完全没有进展，也千万不要认为"自己是个没用的人"。这只能说明你还没有找到适合自己的学习方法。因此，去积极地寻找适合你的学习方法吧！

案例 14

家务堆积如山时

扫地、洗衣服、洗碗、做饭、收拾整理。这些全都没做完，今天一天又过去了……

"刷完牙之后清洗洗脸台"，养成日常的习惯！

扫地、洗衣服、洗碗、做饭等，每天的例行家务在不经意间就会堆积如山。

当你刚想着"要不扫扫地吧"的时候，却已经快到吃饭的时间了，所以必须要出门去买菜了。结果，什么都没能做完，一天就这样过去了。

家务是只要人活着就无法避免的、必须要做的事。

进一步来说，因为做饭、整理房间等必须要做的家务和扫地、打扫卫生等重要性较低的家务是混在一起的，所以如果不能将它们分出轻重缓急，就会很难顺利地完成这些事。

在做好"必须做家务"的心理准备之后，逐一考虑做家务的顺序也是一种压力。如果过度地思考"怎样做家务才能实现效率最大化"，也许会有人觉得越想越麻烦，于是干脆决定"既然这样，就把家务都攒起来，最后一起做吧"。但是，当把所有的家务都攒起来之后，你很可能会对庞大的家务量感到厌烦，而且庞大的家务量也很可能会让你疲惫不堪。

因此，我建议大家养成"**顺便**做家务"的习惯。

- 去上卫生间的时候，顺便把卫生间稍微打扫一下。
- 刷牙的时候，顺便稍微把洗脸台清洗一下。
- 当把餐具放进水槽的时候，顺便把餐具清洗干净。
- 泡澡的时候，最后一个进来泡澡的人顺便在泡完澡之后把水放掉，然后清洗一下浴缸。

如果能**将日常的行为和家务融为一体，并逐渐去习惯这件事**，那么就不需要每次都要下很大的决心才能开始做家务。这样一来，也就不会再对做家务这件事感到有压力。同时，因为日常的行为是与家务相关联的，所以这样做也有利于减少家务的堆积。

"今天不洗衣服""今天不打扫卫生""今天不做饭"等，留出不做家务的日子也是非常重要的。

也许，每天住在干净的家里，吃着自己亲手做的饭菜，穿着洗得干干净净的衣服是每个人理想的生活，但是，这并不是现实。外面的餐厅里也有许多便宜又好吃的饭菜。最近也出现了一些甚至不用烫熨也可以没有褶皱的衬衫。

家务是为了能让自己平时心情舒畅地过日子而去做的事情。

"今天明明应该把这些家务做完，但是却没能做完"，如果以这种纠结的心情度过一天就太可惜了，是本末倒置的行为。如果把做家务看作负担，会让自己每天的心情都很沉重。如果到了这种程度，那么我觉得适当地偷偷懒也没关系。

此外，设立不做家务的日子，会更有利于在需要做家务的日子里鼓足干劲。

即使只完成了一项家务也没关系。不要想着"还有其他的家务还没做完"，请好好珍惜"今天做完了这项家务"的成就感。

让他人鼓起干劲的方法

Q 我的下属虽然能完成最低限度的工作，但我却感受不到他的干劲。今后，我想让他多完成一些工作。有没有可以提高下属工作热情的方法呢？

A 认真地和你的下属谈一谈"这份工作的意义"。

实际上，提高他人的热情是一件很困难的事。对对方说"加油""振作起来"，可能反而会产生适得其反的效果，甚至还可能会成为让对方失去干劲的原因。

如果你想激发下属的干劲，可以向下属说明"**为什么必须要做这件事**"，以此来提高对方的热情。

现在，你所做的工作有什么样的意义？

这份工作将来会和什么事情产生关联？

这份工作对社会而言有什么作用？

认真仔细地告诉下属工作的意义吧！但是，如果只是你在对下属进行输出的话，他可能也无法真正理解你的想法。重要的是和下属**一起讨论**"工作的意义"。

除了对工作进行具体的说明之外，更重要的是"**表达期待**"。

有一种现象被称为"**皮格马利翁效应**"[1]，通常是指人

---

[1] 皮格马利翁效应亦称"罗森塔尔效应"，是一种期望效应。1968年由美国心理学家罗伯特·罗森塔尔等人在《课堂中的皮格马利翁》一书中提出。他认为教师对学生的期望，会在学生的学习成绩等方面产生效应。罗森塔尔借助皮格马利翁神话来解释这一效应，称这种现象为皮格马利翁效应。——译者注

们在得到表扬之后，其行为也会随之发生改变。

当被他人赋予期待之后，"想成为大家所期待的那样"的心情会愈发强烈，于是自身的行为也会随之发生改变。

比如，当你对下属说："你很会和顾客交流呀，在营业的时候，你帮了我不少忙呢。"下属在听了之后就会想要更好地和顾客交流。当你对下属说："我发现你很擅长制作资料，所以我想拜托你来做。"下属在听了之后就会想要比平时更认真地整理和制作资料。

找到下属的优点，哪怕是很小的优点，也请试着夸赞下属"你做得很好""我很看好你"。

Q 无论我对正在上初中的儿子说了多少次"你给我好好学习"，他都做不到。有什么可以让他提起干劲的方法吗？

A 问他"将来想成为什么样的人"，将他的梦想与现在的学习联系到一起。

要想让孩子提起干劲，最简单的方法就是<u>让他尽情地去做学习之外的事情</u>。

即使大人对孩子说"你给我好好学习"，孩子也可能不会听。如果孩子正沉迷于游戏或运动等与学习无关的事情，家长则很可能会想要阻止他玩耍。"反正都是在玩，你给我适可而止吧。"如果家长这样做的话，是无法激发孩子的学习热情的。

其实，无论让孩子做什么都可以，只要能让他养成保持热情的习惯，之后总会有机会让他把这种习惯应用到学习上。对于那些感叹着"我家孩子没有学习热情"的家长，我建议你让自己的孩子尽情地去做他感兴趣的事情。他在这个过程中所培养出来的专注力和热情，今后一定有机会活用到学习上。

还有一个方法是向孩子说明"**现在的学习与他们将来的梦想之间的关联**"。孩子之所以不学习，是因为他的目的意识不清晰，不清楚自己"为什么要学习"。所以，当孩子不清楚学习会对自己的人生有什么帮助时，比起花时间学习，他会更想要把时间花在自己现在所沉迷的事情上，这也是理所当然的事情。

"你现在所学的知识，对你的将来会起到这种作用。"就像这样，通过具体地向孩子解释说明学习的作用，将学习热情与学习目的结合在一起，也许就能改变孩子对学习的看法。

比如，如果孩子将来想成为厨师，那么你可以告诉他："如果你不仅会说自己的母语，而且还会说英语的话，那么你就能拥有国外的顾客，甚至可以去国外做厨师，你的职业生涯也会因此而拥有更多可能性。除此之外，如果你能去上大学，学习营养学、人体学或心理学相关的知识，你就可以设计出更加健康且富有新意的菜单，与其他厨师拉开差距。所以，'在现在的学校里好好学习'是你实现梦想的前提。"

像这样，不要只是对孩子说"好好学习"，如果能尽可能具体地告诉孩子学习会对他的将来产生什么影响，那么也许就能提高孩子的学习热情。

第 4 章

抑制愤怒的方法

弄清"第一次情感",抑制愤怒!

在人类拥有的所有情感之中,愤怒这种情感是非常特别的存在。因为愤怒这种情感是基于它之前的"第一次情感"之上而存在的"**第二次情感**"。

比如,当一个人晚上很晚才回到家时,他的母亲生气地呵斥他:"你为什么不能提前打个电话呢!"

在这种情况下,其实他的母亲并不是从一开始就在生气的。一开始,他的母亲可能是在担心他:"这么晚了还没回家,是遇到什么意外了吗?"抑或是感到难过:"这么晚不回家也不知道给我打个电话,太不把我当回事了吧?"随着时间的推移,这种担心和难过会变得愈发强烈,于是就逐渐演变成了"凭什么我要这么担心你"的愤怒情绪。然后,当这种情绪爆发出来时,就变成了母亲在呵斥晚回家的儿子。

大家曾经有过在车站站台看见因为电车晚点而向车站工作人员发火的人吗?这其实是乘客将"电车晚点了,如果耽误了上班该怎么办"这种焦虑的情感以"为什么就不能按照列车时刻表运行呢?"的愤怒形式表现出来的结果。

要想抑制愤怒,首先要知道"**让自己感到愤怒的那个'第一次情感'是什么**",然后再思考解决方案。

特别是近来越来越多的人"想让对方

认可自己",因此轻视了自己的情感。

情感这种东西,你越抑制它,它就会越退化。如果你长时间抑制自己的情感,那么你就会渐渐不了解自己所拥有的情感是什么。

"不知为何就是很爱发火""动不动就会变得感情用事,觉得很愤怒"。如果你是这类人,那么我希望你能重新试着去弄清楚自己的情感究竟是什么样的。

案例 15

被安排了不合理的工作时

因为被下达了不合理的命令,差点儿就发火了……

在大脑中从 100 数到 0!

明明还有许多其他工作要做，却突然又被安排了一大堆工作。

被安排去做自己完全不擅长的工作。

被说"如果是你的话，肯定没问题"。

被安排了不合理的日程。

在职场中，当遇到上司给自己安排不合理的工作时，个人情绪由难过演变成愤怒的情况也不在少数。

当你感到愤怒时，可能会不假思索地想要当场反驳对方，但是，请忍耐一下吧！因为当你在愤怒时和对方进行争论，"为什么你就不能了解一下我的情况呢？""也请你考虑一下我的处境吧！"无论你说什么，你的发言都很难不带有感情色彩。

当你将自己的感情倾吐而出之后，对方也会变得情绪化，所以无论过了多久，你们也不会争论出什么结果，只会让情况变得越来越糟糕。

为了避免出现这种不好的结果，当你感到愤怒时，最应该采取的手段就是"==离开现场，让自己冷静下来=="。因为一旦对方给你的愤怒火上浇油，你就会更加无法抑制它。因此，试着强行改变自己所在的场所，应该能够稍微平息自己的怒气，让自己恢复冷静。

但是，当说话对象是你的上司时，你是不能就这样突然离开现场的。因此，作为"离开现场"的替代方案，我希望大家"==倒着计数，从100数到0=="。

和平时的计数方法不同，100、99、98、97、96、95……像这样倒着计数的做法，从某种程度上来说，如果不集中精力去做是做不到的。通过将精力集中在其他需要用脑的事情上，就能让自己从愤怒的情绪中脱离出来，逐渐冷静下来。

当你习惯了这种计数方法之后，还可以按顺序回想自己喜欢的偶像团体成员的名字，或者在心里进行两位数以上的加减法运算。

当上司在电话里对你说了不合理的话时，我建议你**迅速地移动到镜子前**。当你对着镜子中映出来的自己说话时，能变得更加客观，而且被上司"压迫"的感觉也会慢慢消失。

当你隔着电话感觉到"这个对话似乎让我觉得有些生气""我好像对对方发火了"的时候，哪怕是为了能让自己重新冷静下来，也请你站在镜子前。

当你的怒气有所缓和之后，接下来就请你尽可能具体地告诉对方，为什么你认为对方的命令是不合理的吧！

如果你感性地向对方说明你的情况，那么很可能无法得到对方的理解，反而会演变为争吵。"别给我找借口！"这样一来，就会离解决问题这件事本身越来越远。

"如果是按这个时间表来进行的话，那项工作会很难开展。"

"因为我自己可能会有知识盲区，所以如果您也能帮把手的话，我会非常开心。"

"您能再详细地说明一下业务内容吗？"

像这样，向对方具体地说明自己的情况，是作为职场人的基本礼貌。

当你自己一个人的工作质量下降之后，整个小组的工作进展也会因此变得缓慢。因此，如果你能在和上司的讨论中提出一些有建设性的、能够推进工作的方法，而不是只顾着说自己的感受，那么你将很可能得到上司的理解。

案例 16

别人说了让自己不舒服的话时

同事说了让你不舒服的话，于是你头脑发热，险些下意识地反击回去……

淡定地告诉对方"听到你这样说，我很难过"。

65

人们通常会对其他人的什么行为感到生气呢？这些具有代表性的行为被归结为"4H"[①]，具体内容如下。

> 【4H】
> - **比较**：当自己被他人用来比较时，"我的工作效率比你高"。
> - **否定**：当自己被他人否定时，"你这个人真不行"。
> - **责备**：当自己被他人责备时，"你做得很不好"。
> - **批评**：当自己被他人任意地评价时，"你这个人就是这样"。

当有人对自己做出与"4H"相关的行为之后，人们通常会感到非常愤怒。

当然，如果你能把其他人对你说的话当作耳旁风是最好的。但是通常来说，当人们感到"气愤"时，这种愤怒的情绪会一直停留在心里，让自己始终感到非常焦躁。

为了避免这种情况发生，也为了能够转换心情，我希望大家可以**直接告诉对方自己当时的感受**。

果断地告诉对方自己的想法，向对方吐露自己的心声，可以减轻自己的怒气。

很多人即使听到别人说了自己不喜欢听的话，也通常会下意识地、笑呵呵地打圆场。其实这种做法会伤害到自己的内心，并成为自己事后"越想越气"的原因。为了不让负面情绪始终

[①] "比较""否定""责备""批评"这四个中文词所对应的日文词在日语中的发音都以"H"开头。——译者注

萦绕在自己的内心深处，请认真地将自己的想法传达给对方吧！

"听到你这样说，我很难过。"

"我很满足于自己现在的状态，所以，我并不需要你的建议。"

就像这样，坦率地将自己的心情传达给对方吧！

如果你能通过对方所说的话，明确地知道了自己讨厌什么，那么你可以更具体地告诉对方："如果你再继续这样说的话，我无话可说。请你不要再说了。"这也是一种有效的做法。

另外，在向对方传达信息时，要注意：比起笑呵呵的表情或过于愤怒的表情，为了能显示出自己的冷静，最好能始终保持严肃的神情。

在认真地向对方传达了自己的想法之后，你的心里肯定还会有疙瘩。如果你想在当下立刻转换自己的心情，那么就去做一些能让你"在短时间内沉迷其中"的事情吧！平时多培养一些不拘泥于场所且能让自己在短时间内集中精力"沉迷其中的事情"会比较好。

我认为，其中最具代表性的、最能在短时间内转换心情的事情是"玩手机游戏"。

也许会有人对手机游戏存在抵触情绪，但它其实是短时间内转换心情的极佳工具。

例如"俄罗斯方块"或"消消乐"这种可以在短时间内过关的智力游戏。一旦开始玩之后，就可以在全部通关之前一直保持精力集中。哪怕只沉迷游戏 5 分钟，只为大脑留出 5 分钟的休息时间，也能转换心情。

如果你能养成"玩 5 分钟游戏就能转换心情"的习惯，那么你就会越来越擅长调整自己的心情。

案例 17

由于他人的失误而导致工作无法顺利进行时

由于客户的粗心大意而导致工作无法按照预定计划进行，于是，我无法抑制自己心中的怒火！

喝一杯香气扑鼻的咖啡或茶！

第4章 抑制愤怒的方法

他人的失误给自己造成了麻烦，使自己的工作无法按照预定计划进行。当你因为遇到这种事情而感到非常焦躁的时候，我建议你喝一杯香气扑鼻的咖啡或茶。

在人类的五种感官中，除了嗅觉之外，还有触觉、味觉、听觉和视觉。但是在这五种感官之中，==嗅觉==是唯一一个与==掌管情感和记忆的大脑==直接联系在一起的感官。通常，当人们闻到某种香味之后，与这种香味相关联的记忆就会更容易复苏。

几年前，创作型歌手瑛人的一曲《香水》红遍日本。《香水》的歌词中所提到的杜嘉班纳的香水，也恰巧印证了嗅觉与情感和记忆之间的关联。

除此之外，香薰按摩、芳香疗法等运用香气的按摩和自然疗法之所以能产生让人放松的效果，也是因为这个原因。所以，在感到焦躁时，可以通过闻一闻==香气==来转换自己的心情。

在各种香气中，我最推荐==咖啡的香气==。因为咖啡的香气有==平息愤怒的效果==。所以，当针对一些容易引起纠纷的话题进行谈判时，不要选择在普通酒店的大厅或饮品店进行谈判，而要选择有着浓郁咖啡香气的咖啡店。

即使都是咖啡，但当你对咖啡的香气有更高的要求时，其转换心情的效果也会更好。

比如，比起喝速溶咖啡或罐装咖啡，去专门的咖啡厅效果会更好；当自己在家喝咖啡时，用滴漏式咖啡机来冲泡咖啡或者用咖啡豆研磨机来研磨咖啡豆的效果会更好……总之，类似这种更能激发出咖啡香气的方法会更有利于缓解焦躁情绪。

另外，在感到焦躁时，我建议大家不要选择黑咖啡，而要选择==牛奶咖啡==或==豆奶拿铁==等。

"**血清素**"是平复心情、稳定情绪不可或缺的要素之一。为了让血清素含量保持充足，人体需要将自己摄入的营养转化为血清素。

"**色氨酸**"是血清素的组成成分，也是氨基酸的种类之一。通过摄入富含色氨酸的**乳制品、大豆制品**等，也可以减轻焦虑。

当你感到焦躁时，还需要一种不可或缺的物质：糖分。

相关的研究报告表明，在人体摄入糖分之后，**血糖**会升高，精神压力也能随之得到缓解。所以你可以在喝牛奶咖啡时加入砂糖，也可以在喝茶时吃一点甜食。

从很久以前开始，许多家长在把孩子单独留在家里时，都会提前给孩子准备好甜点。这是合乎情理的事情，甚至可以说是亲情的一种表现形式。

但无论是大人还是小孩，吃太多甜食都会导致其体内的血糖急速升高，这样一来，反而会加剧焦躁的情绪。所以在喝咖啡时，配上**一两块方糖**和**一块点心**就足够了。

案例 18

被另一半抱怨时

对方说我做的饭"味道太淡了",于是我反驳说:"既然这样,那不如你自己做吧?"我们经常因为这样的事情吵架……

大口吐气!

人们在忙得不可开交的时候，好不容易抽出时间做了饭，却被嫌弃"味道太淡了""做得太少了"，等等，感觉自己仿佛被批评了。

在这时，人们往往会下意识地想要反驳对方："为什么我明明努力地去做了，你却还要对我说这种话？"但其实，也许对方并不是想要埋怨你，只是在说自己的感受。

不知道是不是因为前些年"亲手制作的料理"曾经广受吹捧，现在人们会对把自己从外面买来的副食摆在餐桌上这件事抱有罪恶感，哪怕自己的另一半只是随口说了一句"今天是吃副食啊"，也会觉得对方是在抱怨，因而感到焦躁。

在这里，我希望大家能记住的是：**即使你们是夫妻，对方对你而言也只是'他人'**。无论你们彼此之间的关系有多好，也并不意味着对方能完全理解你。如果你想弄清楚对方的想法，就要冷静地和对方交流。

因此，在与对方交流时，言语间不要掺杂怒气，要向对方提出具体的建议。"味道有些淡了吗？那你能往上面淋点酱油，替我调整一下味道吗？""下次我想尝尝你做的饭。"当你不再感情用事，而是向对方说出具体的建议时，你们之间的对话就不会再演变为吵架。

如果你觉得自己"没办法这么冷静地说话"，那么我建议你尝试"**深呼吸**"这种能瞬间平息怒气的方法。大口吐气对于放松心情而言是非常重要的。

但是，请不要在对方面前做这件事。因为这可能会让对方误以为你在炫耀或挑衅，进而引发更严重的矛盾。

人类的压力状态常常与呼吸紧密相连。

第4章 抑制愤怒的方法

当人们感到愤怒或有压力时，自律神经会切换到兴奋模式，于是呼吸会在无意识的状态下变浅。一旦呼吸变浅，身体上所感受到的压力就会越来越大，由此陷入恶性循环。

有些人在感到恐慌时，会陷入无法顺畅呼吸的"过度呼吸"状态，其原因也与这种机制有关。

当你由于愤怒而进入兴奋状态之后，即使想通过深呼吸来让自己冷静下来，也无法做到这一点。因此，首先要集中精力<mark>大口吐气</mark>，而不是"吸气"。

"呼……"像这样大口吐气再吸气，就能形成深呼吸。在进行深呼吸之后，<mark>自律神经</mark>可以切换回正常模式，心情也会逐渐平静下来。

深呼吸的<mark>姿势</mark>也非常重要。

如果身体前倾，空气将无法顺畅地进入肺中，所以，要放松肩膀，挺起胸来，用全身来呼吸，这样做效果才会更好。

由于人们使用手机和电脑的频率越来越高，有许多人都养成了弯腰驼背的习惯。这种姿势在日常生活中很可能会压迫到肺，从而使空气难以进入肺中，由此导致呼吸变得更浅，所以，驼背的人要格外注意这一点。

在心情冷静下来之前，请不断地重复吐气这一动作。让我们一起把不愉快的事情全部吐出去吧！

虽然民间有"叹气会让幸福溜走，所以最好不要叹气"这种说法，但事实却恰好与之相反。将讨厌的心情一起吐出去，可以让心情变得平静，幸福也会随之而来。

案例 19

因为另一半而吃醋时

太喜欢自己的另一半,以至于会因为一点小事就怀疑对方,于是会非常生气地逼问对方……

对着镜子,发散自己的思维!

第4章 抑制愤怒的方法

当自己的另一半与其他异性关系很好时，无论是谁都会多多少少地产生嫉妒之情。

但是，过度限制对方的行为或者过于依赖对方，可能会演变成对对方的精神控制。

自己的另一半有异性的同事或朋友是正常的事情。即使你很爱对方，但如果你不能把握好"度"，这份爱很可能会演变成"控制"或"支配"。

"就是因为你，我才心情不好的。"
"因为你，我现在非常不开心。"

即使你像这样去谴责对方，也无法从根本上解决问题。在这时，需要你在心里承认<mark>自己对于对方的爱，并努力地转换自己的心情</mark>。

话虽如此，抑制自己已经爆发的嫉妒之情并不是一件容易的事情，而且，强行地压抑自己的情绪，可能会导致情绪在日后的某一契机下再次爆发。如果自己的嫉妒之情非常强烈，那么一味地抑制这种情绪也不见得是一件好事，既然如此，不如就将这种情绪干脆地表现出来吧。

不过，原封不动地朝对方发泄自己的嫉妒之情是绝对不行的。因为当你直接向对方表明你的嫉妒之情时，对方会感到厌烦，会觉得"怎么又在说同样的事""有完没完了"，而且还会觉得"你是不相信我吗"。这样一来，你的情绪发泄很可能会成为你们彼此之间信任崩塌的导火索。

要想让自己的心情平静下来，你可以在没有人的地方，<mark>对</mark>

==着镜子，倾诉自己的感受==。在倾诉感受的同时，看着镜子中自己的模样，也能更加客观地看待自己。此外，你也可以向自己的朋友们倾诉："我太在意他的这种言行了！""不管怎么说，我还是嫉妒。"

如果是难以对朋友启齿的事情，则可以利用"情感咨询热线"等方式。总而言之，请试着向除了自己另一半之外的人倾诉自己的心情吧。

除此之外，当你有无论如何都想让另一半改变的地方时，就==坦率地告诉对方==吧。无论是关系多好的两个人，如果你不说出自己对对方的不满，对方也不会知道。

但是，不要只顾着表达自己的不满，如"你为什么就不能理解一下我的心情呢"，而要将"==我=="作为主语。这是谈话的秘诀。

"也许是我的性格比较敏感多疑，但是，每次当你好几个小时都不回消息时，我都会觉得非常不安。"

"因为我会担心你，所以如果你能在××点之前联系我的话，我会非常开心。"

以"我"为主语的信息叫作"==I message=="（"我信息"），使用"==I message=="可以更加委婉且有效地传达自己的感情和想法，而且也不会让对方听了之后觉得心里不舒服。

另外，在向对方表达自己的想法时，请尽可能地保持==柔和的表情==，并注意自己说话时==的声音语调==。当你好不容易能委婉地向对方表达自己的想法，但如果你说话时表情生硬、语调强硬，也会让对方觉得你是在逼问他。

正因为是"嫉妒"这种强烈的感情，所以在和对方沟通时，更要注意自己的表情和语调。

第 5 章
克服悲伤的方法

治愈悲伤的"时间药丸"

从"感到悲伤"到"不再悲伤",需要花费很长时间。

人们常说"**时间是治愈悲伤的良药**"。抹去悲伤需要时间,所以,无论自己多么希望"现在就能不再悲伤",也很难在短时间内完全克服自己的悲伤情绪。归根结底,让时间来治愈悲伤才是最好的方法。

但是,没有必要把"悲伤"看作是负面的东西。

因为人类可以从悲伤中学到很多。在心理咨询中,经常会用到的一句话就是"**去受伤、去反思、去重塑自我**"。

通常来说,人在受伤之后就会反思自己,然后将反思的内容作为精神食粮,并以此为动力迈入新的人生阶段,重塑新的自我。总而言之,人会因为经历悲伤而发生改变,有所成长。

在当今社会中,许多人都在寻求"稳定"。在生活顺利时就不用说了,哪怕是在生活不顺时,大多数人也会尽可能地不让自己的生活环境发生改变。

但是,能在这个社会中生存下去的往往都是能够应对不断变化的环境,并随机应变地改变自己的人。如果一直故步自封,就会在不知不觉间被时代所淘汰,早晚都会遭遇失败。

我知道,即使我对大家说"我希望大家在感到悲伤时，能乐观地把它看作是你成长的机会"，大家也可能无法接受我的看法。

　　但是，当你的心中产生悲伤的情绪时，其实并不完全是坏事。这对于你来说很可能是一次绝佳的改变自己的机会，所以，我希望大家能乐观地去看待悲伤这件事。

案例 20

感到悲伤时

明明拼命努力地工作了，却被调去了自己不想去的部门。太过悲伤以至于没心思去做新的工作。

将房间调暗，让自己彻底沉浸在悲伤中！

第 5 章　克服悲伤的方法

自认为认真努力地工作了，却没有得到自己预想中的评价和待遇。这时，你的心中可能会有一股悲伤之情油然而生。

"为什么我明明那么努力，却没能得到大家的认可？"

"是因为大家没有看到我的努力吗？"

在这种时候，尽快消除悲伤的方法是"**让自己彻底沉浸在悲伤之中**"。

在昏暗的房间里哭泣、沮丧、思考令自己感到悲伤的原因，在脑海中不断回忆让自己感到痛苦的画面……像这样，任由自己陷入悲伤，直面自己的感情，能够更容易从悲伤的情绪中脱离出来。

为了能尽快消除悲伤，我希望大家去**营造环境**。

首先，把房间调暗，不要让多余的东西进入自己的视线；将手机关机，让其他人无法联系到自己；关掉电视，不让自己获取其他多余的信息，**完全切断自己与外部之间的联系**，直面自己的内心。

在营造好环境之后，就开始**在脑海中反复回忆**上司或同事对自己说过的话或者让自己感到难过的场景吧，也可以彻底地分析为什么自己这次会被调走。

不需要强行得出结论。

让你感到悲伤的究竟是"为什么我没能得到大家的认可"这种被背叛的心情，还是因为"难为情"呢？抑或是因为"错失了能得到大家认可的机会"呢？

认真地分析自己究竟为何悲伤吧！

如果不像这样让自己**彻底沉浸在悲伤中**，如果强行抑制自己的悲伤，那么你的悲伤之情将无法得到缓解，并会一直残留

81

在你的内心深处。总而言之，只要你不直面这种心情，那么无论过去了多少年，这种芥蒂都不会消失。正因如此，在感到悲伤时，请你直面自己的内心。

不可思议的是，当你让自己的大脑不断地直面悲伤时，总有一天，大脑会在意想不到的瞬间，突然蹦出"**差不多可以了吧**"这样的想法。至于这一天需要多久才会到来则因人而异。

也许是一晚，也许是一周，也许需要几年的时间，但无论如何，请大家不要忘记：**沉浸在悲伤中**才能让你尽早地放下悲伤。

另外，当你的心情有所恢复时，也请你试着想一下被调走的好处。假设自己一直在同一个部门里待着，也许会需要为了保持业绩而付出非常多的辛苦，也许会变得自负、得意忘形。这样一想的话，也许被调走其实是一件好事。而且，你即将在新部门里遇到的人或经历的事，可能会对你今后的人生来说都是无法替代的存在，所以，换个角度来想，这次的工作调动也许会成为你人生的转机。

就像"**现在治愈着过去**"这句话所说的那样，当你对一件事情的接受方式发生改变之后，过去的失败也可能会变为成功。希望大家都能尽情地悲伤，然后果断地放下，从而迈向新的人生阶段。

案例 21

另一半对自己冷言冷语时

在和另一半吵架时,对方说了自己不想听的话。于是每当想起另一半,都会想起他曾经说过的那句话,这让我十分难过。

播放能让自己流泪的电影或音乐,让自己哭个痛快!

当自己信任的另一半对自己说了很过分的话时，这种打击是难以估量的。

正因为是自己信任的人，所以为了避免今后再发生类似的事情，需要想出对策。

不要一边抽抽搭搭地哭，一边质问对方"为什么要说这种话"。请通过我在第 4 章中介绍过的"把自己作为主语的'我信息'"来表达自己的想法吧。"我听到你说这种话真的会非常难过，所以，你能别再说了吗？"

也许会有人对于"向对方表达自己的心情"这件事有抵触情绪，但是，无论是多么亲密的关系，都会存在很多"如果不告诉对方，对方就无法理解"的事情。也许你会想"可以让对方来猜测我的想法"，但其实从对方的角度来看，这是非常困难的事情。如果你不能和对方说清楚自己的想法，那么对方也许永远不会清楚他的话究竟对你造成了什么样的伤害。

也许你不想被自己喜欢的人讨厌，所以即使觉得难过也不说出自己的意见，想拼命地抑制自己的情感，但是当忍耐堆积到一定程度之后，你们之间的关系早已在不知不觉间破裂了。正因为你的另一半和你是不一样的人，所以才需要你们互相交流意见，体谅彼此的心情。

我希望大家能明白，当你的内心受到伤害时，认真地告诉对方"你这样说，会让我觉得很难过"，这是能让你们之间的关系更进一步发展的手段。

当另一半对你说了很过分的话之后，你无论如何也没办法让自己的心情平静下来的时候，就尽情地哭一场吧！就像我先前所说的那样，在感到难过时，主动地流泪、具体地表现悲伤，这是平复心情的捷径。

如果自己哭不出来，可以去看看电影、电视剧、小说、漫画等，让自己在不知不觉间随着剧情流泪。

在我看来，最近韩剧流行的原因之一就是有许多"主角因为感情的事而放声痛哭"的场面吧。

也许有人会说："看情节悲伤的电视剧或电影所流下的眼泪和被另一半说了过分的话所流下的眼泪在本质上是一样的吗？"其实重要的是"尽情地流泪"，而不是"为什么而流泪"。

如果你不爱看电影或电视剧，那么可以听听音乐。如果有自己在青春期时或难过时经常听的歌曲，那就再好不过了。

音乐有承载记忆的功能。 虽然市面上也有所谓的"能让你听哭的歌曲"，但如果不是你自己熟悉的歌，将会很难唤起你曾经的记忆或感情，从而很难让你哭出来。而那些你曾经在初高中时听过的歌则可以让你回想起当时的心情，所以也会更容易让你流泪。

案例 22

孩子说了过分的话时

当训斥孩子时,孩子说"如果我不是你的孩子就好了",这让我很难过。

"我听你这样说,真的很伤心。你为什么会说出这种话呢?"直接地表达自己的感情!

第 5 章　克服悲伤的方法

倾注了全部心血养育的孩子却对你说"如果我不是你的孩子就好了"。也许你会因为无法言喻的悲伤而怒上心头，没经过大脑思考就想要训斥孩子："你为什么会说出这种话？"

但是，对于孩子而言，他们在被你不管不顾地训斥一顿之后，内心也只剩下了悲伤与愤怒。

因此，我希望大家不要训斥孩子，而是对孩子说："**我听到你这样说，真的很伤心。**"直接地向孩子表达自己的心情吧！孩子通常在挨训时都会顶嘴，但如果父母能坦率地告诉孩子自己的心情，则可以成为让孩子反思自己言行的契机。

而且，将自己的感想坦率地告诉孩子，也可以在一定程度上缓解自己的悲伤。

如果强行抑制自己的悲伤，即使现在能忍得住，这份悲伤也会一直不断堆积在心底，当之后再遇到类似的事情时，很可能就会彻底爆发。

为了避免陷入这种境地，当你对孩子的言行举止感到难过时，请坦率地告诉孩子"你刚才说的话让我很伤心"。

即使是父母，也没有必要接受孩子所说的所有事情。

"你这样做，让我很难过。""你这样说，让我很难过。"就像这样，坦率地向孩子表明你的心情吧。

与此同时，询问孩子说这句话的背后原因也很重要。"**你为什么会说出这种话呢？**是因为我让你好好学习，不让你和朋友出去玩，所以你生气了吗？还是因为我没给你买你朋友有的游戏机？还是单纯地因为我说你淘气，你觉得很烦？"

也许孩子真正想说的是其他的话，但却不能很好地表达出来，所以才会用这句话来代替。

另外，根据<mark>孩子的发展阶段</mark>不同，父母的处理方式也需要有所改变。比如，在孩子9岁以前，由于许多孩子还保留着幼儿期的特征，所以他们很难客观地看待事物。因此，作为父母需要教导孩子，并让孩子理解"为什么那种话是不好的""说出那种话会让别人怎么想""为什么这样说会伤害到其他人"。

与之相反，从小学高年级开始，孩子们就能自己判断是非了。孩子们在这个年龄段可能正好处于叛逆期，所以父母要对孩子多加引导，让孩子自己说出言语背后隐藏着什么样的感情。

如果父母觉得"这只是小孩子随便说说"而不把孩子说的话当回事，那么之后孩子可能还会使用同样的言语去伤害你或者其他人。为了避免这种情况发生，父母要认真地教导孩子：<mark>"你说这种话，别人会怎么想呢？""在这种情况下，你应该说什么呢？"</mark>这是父母应尽的义务。

无论如何，不厌其烦地告诉孩子"什么事情不能做"是非常重要的。如果说了一次孩子还不改正，那就一直说到他改正为止。破例对孩子说"今天可以原谅你"是没有任何意义的。父母的教育将会奠定孩子人生的根基，所以，不要害怕被孩子讨厌或反抗，勇敢地告诉孩子<mark>"不行就是不行"</mark>。

案例 23

对方回复消息很冷淡时

编辑了很长的一段文字发给对方，结果对方只回复了一个表情包。于是觉得"自己是不是被对方讨厌了"。

去泡澡或做按摩，放松身体！

当你编辑了很长的一段文字发给对方，结果对方却只回复了一个表情包时，你一定会胡思乱想，觉得"他是不是讨厌我""他是不是根本不重视我"。

通常来说，当人们对他人做出某种行为之后，往往会期待对方也能给予自己同样的反馈。因此，我非常能理解"因为我写了很长的一段文字，所以我希望对方也能同样写很长的一段文字来回复我"的这种心情，但是，在你开始感到难过之前，请先停下来思考一下吧！

为了能让自己冷静下来，更加客观地看待这件事，在进行消极的想象时，也进行同等的==积极的想象==。

不仅要想到消极的理由，比如：

"因为不重视我，所以才没有回复我很长的信息。"

"我好不容易写的，对方却没有认真看。"

也要想到存在积极理由的可能性，比如：

"也许对方有认真看我写的文字，只是现在没有时间回复。"

"也许他的手机快没电了，所以他觉得来不及回复我很长的文字。"

就像这样，即使自己觉得很难过，也要意识到其他客观可能性的存在，比如==这也许只是我自己的想法==。切记不要因为一时冲动而向对方发送带有感情色彩的信息，比如"你为什么不认真地回我消息！"，等等。

当受到打击时，越是感性的人越会被这件事困住，难以脱离出来。在这种时候，需要将注意力集中到其他事情上。

因此我建议，在感到难过时，给自己留出==做按摩或泡澡等放松的时间==。

第 5 章 克服悲伤的方法

因为内心和身体是相互关联的，所以即使想"只治愈内心"也很难真正做到。==当内心感到疲惫时，身体的肌肉也会变得僵硬，呼吸次数减少，体温降低。==正因如此，你可以通过放松身体来缓解悲伤。

对于感性的人来说，芳香疗法或按摩的效果会很好。通过放松身体，可以让自己被悲伤所支配的情绪得到释放。

如果没有时间做按摩或芳香疗法，那么可以==在家里让自己被喜欢的香气环绕，然后放松地泡个澡==。

在身体得到放松之后，心情也会逐渐放松下来，悲伤也会逐渐淡化。

在放松了身体之后，就尽早上床睡觉吧！在睡觉时，==大脑会梳理今天发生过的事情==，心情也会逐渐平静下来。

在第二天早上起床后，你的心情会变得焕然一新，甚至你会不可思议地想："欸？昨天我为什么会难过来着？"

案例 24

另一半很少联系自己时

只有我主动联系他,他几乎从来都不主动联系我。催他联系我,他也不回消息,这让我更难过了……

将手机关机,去做伸展运动!

第 5 章　克服悲伤的方法

"在刚开始交往时,他明明会经常联系我,但随着时间流逝,他的联络却变得越来越敷衍。"在这种时候,你会觉得"他是不是不喜欢我了",并因此而感到难过和不安。

这种不安一旦超过了自己的忍耐限度,就会转变成愤怒,进而演变为吵架。"你为什么不联系我?"从而使双方的关系恶化……

在你感到悲伤时,越是钻牛角尖,越会让自己痛苦,同时也会让对方感到痛苦。正因如此,请趁着自己还没开始钻牛角尖的时候,放下悲伤的心情吧。

在因为对方不联系你而感到焦虑之前,先**将手机关机**吧!正是因为"他没联系我"这种焦虑不安的情绪才让你更加难过。与此同时,你还会感到越来越不安,"他会不会出什么事儿了""会不会是手机丢了",等等。

正因如此,请将手机关机,并放在自己够不到的地方,然后让自己沉浸在与另一半完全无关的事情上。

玩游戏也好,读书也好,看电影也好,只要能让自己的注意力集中在其他事情上就可以。在这之中,我最推荐的是做**伸展运动**。

人们在感到悲伤时,身体会变得紧张,心跳也会加快,负面情绪会不断在脑海中浮现。但是在让身体动起来之后,身体就会分泌出有利于心情好转的激素,比如感知快乐的激素——**多巴胺**、能使精神状态保持稳定的**血清素**,以及能让人充满干劲的**睾丸激素**等。

实际上,曾有报告指出,进行适度的肌肉锻炼可以使容易进行负面思考的人变得积极乐观。

如果你不喜欢做伸展运动，那么也可以尝试 10 秒冲刺、散步、爬楼梯等运动，让自己的身体活动起来。

令人感到不可思议的是，当人们的行为发生变化之后，心情也会随之发生很大的转变。

此外，为了不钻牛角尖，我希望大家一定要知道"控制自己情绪的方法"。因为如果你不能控制自己的情绪，那么你将会永远被不安感困住，永远无法从痛苦中脱离出来。

只有自己才能管理自己的情绪。当你向亲密的另一半发泄情绪时，其实与"向对方施暴"没有区别，而你自己却很难注意到这种"情绪暴力"。自己的心情是由自己来控制的，不要将掌控自己心情的权力交给其他人，我希望大家都能记住这一点。

另外，不安感也是可以控制的。感情是如同海浪般的存在，当等到感情堆积到一定程度之后就会像海啸一样席卷而来，你自然会无法控制这份感情，所以我们在平时要尽可能地使自己的感情像"涟漪"一样保持平稳。其秘诀就是不要过度地抑制自己的情感，也不要过度地向对方吐露自己的不安与悲伤。

当你感到痛苦时，可以尝试和其他人聊聊天，或者进行有效的放松和休息。这样一来，因为另一半的行为而感到不安的频率应该会大幅减少。

帮助他人克服悲伤的方法

Q 后辈因为工作上的失误而感到沮丧。我怎样做才能在不伤害他自尊心的情况下，有效地安慰他呢？

A **最好的方法是专心地听对方倾诉。**

在安慰心情沮丧的人时，不要给对方建议，也不要否定对方，只需要专心地**听对方倾诉**。

当你在听对方说话时，也许会出于好心想给对方建议。比如，"关于那件事，如果这样做的话，不就能做好了吗""你不是还没被解雇嘛！所以，不要这么沮丧啦""这比起遭遇车祸来说不是好多了吗"等。

但是，请你抑制住自己想要给对方建议的想法。

因为当对方感到沮丧时，无论你给对方提出多么好的建议，对方都只会觉得"多余"。

即使你想帮他一把，但因为你无法感同身受地理解对方的心情，所以只有靠他自己才能从这种沮丧的心情中走出来。因此，当你想让对方接受你的建议时，重要的是先让对方痛快地吐露出自己积攒的不满。

当你倾听了对方的看法之后，可以试着从不同角度向他提出建议。比如，"也许你可以从这个角度来看待失败"。

这在心理学中被称为"**再构法**"，有"**改变看法**"的作用。事物往往具有多面性，所以你可以用一种积极的表现方式告诉对方："试着从这个角度来看怎么样？"

另外，如果你花费九成的时间来听对方倾诉，那么你用来提出建议的时间只需要一成就足够了。最重要的是听对方倾诉，归根到底，你的建议只是附赠品，我希望大家都能清楚这一点。

Q 养了很多年的宠物猫去世了，母亲每天都非常伤心。我该怎样做才能有效地安慰她呢？

A **听她说与宠物猫有关的回忆。**

对自己而言非常重要的宠物去世了，往往会让人感到非常痛苦。

因为动物和人类不同，不会用语言和你争吵，所以甚至有许多人会珍视自己的宠物甚于家人。对于他们来说，宠物去世之后所带给他们的空虚感是无法估量的。

如果你身边有因为自己的宠物去世而感到悲伤的人，首先，请你给他们一些时间，让他们完全沉浸在这种悲伤之中吧！

请你告诉他们："<mark>不需要强迫自己向前看，也不需要积极乐观。</mark>"然后，在对方的心情平静下来之前，<mark>耐心地听他们说与宠物有关的回忆吧</mark>。

另外，绝对不要对失去宠物的人说"你要难过到什么时候""去世的××（宠物名字）如果知道你这样，也会难过的"等强迫对方对你做出回应的话语。

因为每当你向对方说出这种话时，对方都会感到更加悲伤。请认真地听对方说与宠物有关的回忆，或是听对方倾吐此刻的悲伤情绪。

第6章

消除不安的方法

不安也可以成为积极的力量

越是肠胃虚弱的人，越会在乘车前担心"如果肚子疼该怎么办""如果聚餐时想去卫生间该怎么办"。

一旦被这种想法所驱使，哪怕他的肚子其实不疼，也会觉得自己好像肚子疼。这样一来，就会越发感到不安。

像这样对于没有发生的事情感到不安，被称为**"预期焦虑"**。预期焦虑的特征是：越聚焦于自己的意识，越会感到不安。一旦有一次感到不安，那么之后的不安感就会像滚雪球一样越滚越大。

有些人在感到不安时，甚至会出现强烈的躯体化症状，例如"肚子疼""呼吸不畅""心跳加快"等，长此以往，会由此陷入恶性循环。

为了切断这一恶性循环，首先要意识到"**感到不安并不是一件坏事**"。

在参加重要的演讲或活动之前，比起完全放松的状态，有适度的不安感反而能为了避免失败而做好充分的准备，这样一来就很可能会有良好的表现。

此外，人们在参加登山或野营等危险的活动时，一旦失败，就会失去生命。而那些不安感较强的人往往会准备得非常充分，所以，他们很少会失败。

综上所述，不安也可以成为积极的力量。

请不要认为"不安＝消极的东西"。恰当地利用不安，让不安成为自己的武器吧！

案例 25

不确定自己的工作是否会进展顺利时

遵守约定时间了吗？是否能生产出质量上乘的产品？没有出现问题吗？脑海里全是这些不好的想法……

将日程表上安排的事情提前，总之，先开始工作！

第6章 消除不安的方法

我们在工作中,越是在快要完成的时候,就会越担心"这样真的没问题吗"。但是仔细想想的话,其实这种不安感大多会在"现在什么问题都没有"的状态下产生。

接下来,我将针对"**不安**"和"**恐惧**"的区别进行说明。

恐惧有一个经常让你感到恐惧的、明确的对象存在,因此,恐惧这种情绪更容易应对。与之相对,不安是一种不存在明确对象的情绪。

如果你对于某种具体的对象感到恐惧,例如恐怖的上司或自己家里的蟑螂等,那么你可以采取具体的对策来克服恐惧。比如,"为了不让上司生气,先主动向上司汇报""勤打扫卫生、定期更换防虫剂,并提前准备强力的杀虫喷雾以防万一",等等。

但是,不安是对于没有征兆的事物所持有的一种模糊不清的情绪。明明没有发生,却会过度地担心"要是地震了该怎么办";明明身体健康,却想象自己"要是生病了该怎么办"……这类现象是不安情绪所特有的表现。

对于"没有发生的事情"感到不安,并在应该有所行动的时候迟迟不采取行动的人,绝不在少数。其实,这是非常可惜的事情。

那么,我们在莫名感到不安时,有什么解决方法吗?其实消除不安的最佳手段是:不管怎样,先行动起来。因为只有在开始行动之后,才能真正消除所谓的不安情绪。

能遵守时间吗?不会发生纠纷吗?产品质量能过关吗……

这些烦恼中的绝大多数都能通过提前去做日程表上安排的事情而得到解决。哪怕真的出现了意料之外的事情,也可以进行弥补。

但是，如果对于这种不安感置之不理，则会越来越难以开始行动。总而言之，先去做些什么吧！哪怕只是完成了很小的一件事，也能在一定程度上消除自己的不安。

据说，人们担心的事情有 **96% 都不会发生**，也就是说，其实人们绝大多数的担心都是胡思乱想。将注意力集中在"当下这个瞬间"，将精力集中在当下必须要做的事情上，是消除不安最有效的方法。

如果你无论怎样做都无法消除不安的情绪，那么你可以通过预想最坏的结果，来客观地看待这份不安，并试着努力去发现这件事情积极的一面。

如果满分是 10 分，请试着给自己的不安程度打分吧！

当你在工作中遭遇失败时，"最糟糕的情况"会是什么样呢？假设最糟糕的情况是"失去工作"，那么当你在工作中因为遭遇失败而被上司责备时，你会给自己的不安程度打几分呢？如果你将"被上司责备"这件事与"让你离职"相比，也许你就会觉得"被上司责备"其实根本不算什么事。这样一想，你的心情也会变得轻松。

不要任由不安的情绪影响自己的心情，如果你能将当下这一瞬间应该做的事情做好，自然而然就会有所收获。

案例 26

担心自己会在工作中犯同样的错误时

担心自己会在工作中犯下和之前同样的错误。虽然已经对之前犯错的原因进行了分析,并想出了解决之策,但还是无法控制地担心自己会再次犯错。

不管怎样,先休息,然后重新开始!

明明是很简单的事情，却总会在进行的过程中犯错。在这种时候，越是责任感强的人，越会容易觉得不安。"之后如果再犯同样的错误，该怎么办才好？"

那么，重复犯下同样的错误，其背后的原因是什么呢？

原因之一是由于身体状况恶化而导致的专注力下降。实际上，由于睡眠不足、营养不足而导致的身体不适，以及由于休息不足而导致的疲劳累积等，都会使你的专注力下降得比你想象中还要多。

当你的专注力下降之后，由于疏忽而造成的错误也会自然而然地增多，甚至会犯下平时绝对不会犯的错。

"总觉得自己最近一直在犯同样的错误。"如果你经常为此感到不安，那么请你先确认一下自己的身体是否有不适的地方。也许在你仔细地回想之后，"最近没怎么睡觉"等原因就会浮出水面。

当你回想起让你感到不安的原因之后，无论如何，请**先休息，调整好自己的状态**。也许你会有不得不做的工作，但是首先，请尽早回家，吃些自己喜欢的食物，然后尽早上床睡觉！在这种时候，你需要通过充分的休息，将自己的内心和身体重新调整到健康状态。

当你的内心和身体得到了休整之后，由于疏忽而造成的错误自然而然就会减少。

"如果犯了同样的错误，该怎么办？"产生这种不安的重要原因往往并不是你的能力不足，而是可能与公司里的人际关系有关。

虽然人们往往会将工作上的失误归结为自己的不细心或者

能力不足，但实际上，被人际关系束缚而无法发挥出自己的工作能力的事例也绝不在少数。

也许你会想："失误和人际关系之间究竟有什么关系呢？"其实，在职场中你一旦产生心理上的压力，情绪状态就会影响到身体状态，从而导致你的工作表现不佳，本来可以完成的工作也会变得难以完成。

比如，当你和自己的顶头上司关系不好时，哪怕只是站在他面前，你都可能会瞬间变得没有精神，以至于没办法顺利地向他汇报工作或者和他交流。这样一来，你将很难顺利开展工作，这不仅会增加工作所需的时间，而且也增加了由于疏忽而犯下错误的可能性。更有甚者，因为过度在意上司的看法而在他身上花费了许多多余的心思，从而使自己的工作量大幅增加；或者因为害怕被上司批评而过于小心谨慎，以至于无法正常工作。

当你无法信赖自己的上司时，不如干脆去**寻找能让你信赖的人，并请求对方给你提供帮助**。

"最近，我这种失误越来越多。虽然我已经非常注意了，但为了避免我再犯同样的错误，您可以帮我再检查一遍吗？"就像这样，去拜托自己信赖的人吧！

无论多么细心、谨慎，在工作中，我们都难免会有自己没有注意到的地方。如果信赖的人能替自己再检查一下的话，应该就会大大降低犯错的可能性。而且最重要的是，只要想到自己在职场中有可以信赖的伙伴，在心理上就会觉得安心。

不要自己一个人承担所有问题，不要只责备自己。学会向周围的人寻求帮助，让自己在身心放松的状态下投入工作，并以此来消除不安吧！

案例 27

怀疑自己在公司里被同事讨厌时

"同事们最近和我打招呼的时候都很冷淡。""除了我以外,其他同事都很喜欢闲聊。"我非常在意这些事,以至于开始怀疑自己:我是不是被同事讨厌了?

试着客观地问自己:"真的是这样吗?"

第6章 消除不安的方法

在公司里，觉得同事们对自己都很冷淡；除自己之外，其他同事都很喜欢闲聊……于是就会感到非常不安。经常有咨询者和我说起这样的情况。

我感觉他们好像只有在回复我的邮件时，才会回复得很慢。

我感觉自己好像在职场中被孤立了。

我感觉好像只有我没有被邀请参加聚餐。

诸如此类，许多人都对职场中的人际关系感到不安。

在这时，最好的解决方法是**客观地判断自己的想法是否正确**。

无论是谁，在心情不佳或者身体状态不佳时，都会因为一点小事而感到焦躁，或者因为一些琐碎的事情而开始胡思乱想，无法始终保持乐观开朗的心态。

正因如此，我希望大家能停住脚步，回想一下自己的想法是否真的正确。

也许是你自己的原因。"今天我的身体状况不太好，所以，可能是我自己神经过敏了。"

当你觉得同事对你比平时冷淡时，可以稍微回想一下这位同事的近况，也许就能发现什么。"对了，××之前说过，他孩子这几天发烧了，所以，也许他只是因为最近比较忙，心情又不太好吧。"

此外，当你觉得"自己被针对了"的时候，也可能是因为你在自己没有意识到的情况下针对了别人。

"对方回复得很慢，他是不是讨厌我？"当你这样想的时候，请先回想一下"自己是否也做过类似的事情"。

如果连你自己都曾经有忙到没有时间看邮件，以至于偶尔会回复得很慢的情况，那么，对方现在很有可能和你当时处于同样的情况中。

人们往往会下意识地将事情往坏的方向想，觉得"自己被针对了"，但是对"自己做过的事情"却常常会不以为然，甚至会忘记。

"原来我自己也经常对别人做这些事。"就像这样，只需要从客观的角度来看待事情，应该就能在很大程度上缓解不安。

当你感到不安时，先问问自己：**"真的是这样吗？""自己如果处于对方的立场，会怎样做呢？"**

这样一来，也许你就可以客观地看待事情本身了。如果只通过大脑来思考已经无法消除不安的话，那么你也可以将这些事情写在纸上进行确认。

将"发生的事情"、"自己感受到的事情"以及"具体的情况"等，尽可能具体地写在纸上，然后对其进行客观的分析。

不要被一时的情感所操控，通过客观地看待实际发生的事情，也许你就会意识到："欸？这实际上也不是什么大事嘛！""这件事我自己也经常做。"当你感到不安时，在你被情感所操控之前，请先冷静下来，客观地看待这些事情吧！

案例 28

怀疑自己被另一半讨厌而坐立不安时

听到身边的人或新闻上关于离婚或分手的故事时，就会开始担心"也许不知道什么时候，自己也会遇到这种事。"

"不享受现在，其实是一种损失。"
将注意力集中在"当下"！

虽然和另一半的关系很好，但在看到身边的人离婚、失恋以及娱乐新闻中的分手报道之后，就会在脑海中闪过一阵强烈的不安……

就像我在本章中多次提及的那样，人们会对还没有发生的事情感到一种难以言说的不安，但是，"现在的幸福不会在未来某个时刻崩塌吗"这种担心只不过是人们自己制造出来的恐惧罢了。

虽然，我们需要在一定程度上提前为将来做好准备，但是如果一直担心还没有发生的事情，就会无法享受本应该感到幸福的"当下这一瞬间"。

很多人都很不擅长享受"当下这一瞬间"。

如果你是公司职员的话，那么你应该有过这样的经历。在一周里，周五晚上是最开心的。当休息日逐渐接近尾声时，到了周日晚上，你就会开始变得忧郁。在我看来，所谓的"海螺小姐综合症"①就是最恰当的例子。

也就是说，在难得的假期里，因为你没能将精力集中在"当下这一瞬间"，而是将精力集中在"休息结束之后的痛苦"上，所以才会感到不安。

但是，无法享受"当下这一瞬间"是一件非常可惜的事情。无法享受"当下"的人，无论遇到多么幸福的事情都会感到不安，会担心"也许这种幸福会转瞬即逝"。他们永远都无法发自内心地感受幸福。

举例来说，也许会有这样的人，"担心自己上了年纪之后会

---

① 海螺小姐综合症是指在周日傍晚至深夜看了日本富士电视台播出的动画片《海螺小姐》之后，面对"第二天又得去上班或上学"的现实而感到忧郁，身体出现不适的现象。——译者注

第6章 消除不安的方法

没有足够的金钱来维持生活，所以每天都在努力攒钱"。然而事实上，有许多人还没来得及花自己好不容易攒下来的钱就去世了。为了那个未曾到来的"万一"提前准备，一直忍耐着不去享受"当下这一瞬间"，每天都过着拮据的生活……这种做法多少有些本末倒置了。

与另一半的关系也是如此。如果你对"将来可能会分手"这件事感到不安，即使你将自己的这种不安告诉了你的另一半，并得到了对方的理解，那么你就能真的安心吗？归根结底，只有自己才能控制自己的情绪。所以无论其他人对你做出什么承诺，都无法完全消除你的不安。

当医生对你说"这个手术的成功率是98%"时，你是会觉得"能有98%的成功率，那我就放心了"，还是会觉得"但是，还是有2%失败的可能性，好担心啊"。这完全取决于你自己的心境。

此外，如果两个人的关系走到了终点，其原因也许不只是对方变心了，很可能是你自己的心境也发生了变化。如果你们已经在一起度过了几十年的岁月，那么你开始担心生离死别也在情理之中；但是如果你始终对于"现在还没有发生的事情"感到莫名的不安和恐惧，则只会让自己深陷泥沼之中。

无论你怎样绞尽脑汁，也无法知晓将来的事情。虽然现在有各种各样的人在预测未来，但事实上谁也无法真正地预测未来。将精力耗费在未知的事情上，从而引起不必要的担心，会浪费掉对于生命而言最珍贵的时间。

正因如此，与其担心"现在和他在一起是很快乐，可万一将来分手的话，该怎么办"，不如尽情地享受==当下和对方在一起的开心瞬间==。

案例 29

对未来感到迷茫和不安时

不知道今后会发生什么,对未来感到非常不安。

填满自己的日程表,让自己没有时间感到不安!

第6章 消除不安的方法

许多人会对模糊的未来感到不安。如果不能消除这种不安，就会觉得更加不安。这样的人应该不在少数吧？

在本章中，我介绍了许多可以在感到不安时转换心情的方法。不过，引起不安的最大原因也许就是"没有妥善地处理这种不安的情绪"。

人们之所以会感到不安，是因为大脑在寻找答案时并没能找到一个确切的答案。比如，在悬疑片中，当"犯人就是你"这句台词出现时，如果突然插进一段广告，你是不是就会变得非常急切地想知道："欸？犯人是谁呢？"

人们会感到不安也是同样的道理。明明自己心里有疑问，但却不知道问题的答案，所以才会变得不安、焦躁。反过来说，只要自己心里有对这种不安的"**答案**"或者知道自己"**接下来应该做的事情**"，不安感就会消失。

比如，当你开始思考"将来自己就像现在这样也没关系吗""上了年纪之后也能好好地生活下去吗"之后，心情就会变得烦躁起来。

在这时，请再向前走一步，去直面自己的不安吧！如果你"担心自己上了年纪之后，没有足够的金钱维持生活"，那么现在就好好估算一下，到底需要多少资金才能保障自己安享晚年，以及为了能在几十年后拥有这些资金，从现在开始应该怎样存钱。

只需要稍微提前规划一下，你就能知道自己现在应该做什么。比如，"好像比我想象的更容易做到""如果继续以现在的生活标准来生活的话，就没办法攒到目标金额了，所以也许平时再节省一些会比较好"，等等。

像这样，只要能看到达成目标之前的道路，就能慢慢淡化"未来会是什么样呢"的不安情绪。

话虽如此，但也不是所有问题都能得到解决，所以即使想出了解决方案，也可能会陷入"即便如此还是会感到不安"的状态。在这种时候，我建议大家**排满自己的日程表**。

你之所以会感到不安，是因为你现在有多余的时间。如果你能排出让自己忙到头晕眼花的日程表，那么你的注意力自然而然地就会转移到"完成预定任务"这件事上，这样一来，你就可以摆脱迷茫和不安。

日程表上的安排不一定要全都是"和谁见面"，或者是工作上的事情。如果可以的话，我希望大家能把"让自己的心情变好"这件事也写进日程表中。

沉浸在自己喜欢的电影中。
去买自己一直很想买的西装。
制作精致的料理，然后吃掉。
悠闲地散步。

就像这样，细致地规划自己的日程表吧！

无论是多小的事情都可以，只要能在自己感兴趣的事情或者从很久以前就想挑战的事情上花费时间，就能在一定程度上缓解自己的不安。

不要让不安填满你的每一天，而要用愉快的心情来填满自己的每一天。这样一来，你就能渐渐忘记不安，变得能够享受当下。

第 7 章
减轻恐惧的方法

人们为什么会感到恐惧？

在本章中，我将会介绍面对恐惧的方法。

在之前的章节中我也曾提到过，不安和恐惧看似相同实则不同。

不安是对"现在还没有发生的事情""不知道是否会发生的事情"感到一种莫名的威胁；而恐惧则**有明确的对象，比如，"我很害怕这个"**。

那么，为什么人们会感到恐惧呢？这与记忆有关。

恐惧感是当你再次遇到自己过去讨厌的事物或与之相似的事物时，对其做出的反应。

例如，你是否有过这样的经历：在见到某人的一瞬间就开始感到恐惧，认为"这个人有些难相处"。这是因为你的记忆做出了反应，如"这个人长得好像之前住在我家附近那个曾经欺负过我的人""这个人的说话方式好像之前那个曾经挖苦过我的前辈"，并向你发送了危险信号"这个人也许很危险"。因此，你的内心才会产生恐惧感。

恐惧感是你的记忆为了保护你而向你发送的警报，所以，为了今后你能在危险面前保护自己，恐惧感是不可或缺的存在。

但是在许多情况下，我们并没有意识到恐惧是由记忆引起的。因此，即使感受到了难以言说的恐惧，我们也不知道这种恐惧产生的原因。

尽管如此，经常因为被恐惧感束缚而不敢轻易行动，其实是非常可惜的。

在本章中，我将会介绍一些控制恐惧感，轻松度过每一天的方法。

案例 30

对上司感到恐惧时

很害怕上司，甚至连向他报告、和他联络、和他交流都不敢。

首先，通过邮件、聊天软件以及平时见面打招呼等方式，增加"与上司产生联系的次数"！

第 7 章　减轻恐惧的方法

有许多刚换了新工作的人都曾经对我说过"我很害怕我的新上司"。在这些人中,有许多人实际上从未被上司"折磨"过,但却就是很害怕自己的新上司,甚至连向他报告、和他联络、和他交流都不敢。

明明没有直接被上司伤害过,却不可思议地对上司感到恐惧,这很可能是因为"我曾经被和现在的上司的气场很像的人欺负过"这种过去潜在的记忆复苏了,从而使你感到恐惧。

换句话说,很可能是你的潜在意识在任性地做出反应,从而使你对上司感到恐惧。哪怕只是知道这个使你感到恐惧的机制,是否也能稍微减少一些你对上司的恐惧呢?

那么,究竟应该怎样做才能让你不再对上司感到恐惧呢?

最佳方法是自己积极主动地和上司搭话,**增加接触上司的机会**。

见面的机会越多,就会越习惯对方的行为方式,从而会更容易对对方产生好感。这种现象被称为"**单因接触效应**"。

例如,当你第一次在电视上看到某个明星时,哪怕一开始你对他并没有什么好感,但是随着之后不断地在各种各样的媒体中看到他,你就会在不知不觉间渐渐地对他产生好感。这就是由于增加接触而产生的效果之一。

也就是说,你和上司交流的次数越多,就会越容易对上司产生好感。怎样增加与上司接触的次数呢?

首先,先从打招呼或点头示意开始吧!

如果你一开始没办法做到直接当面和上司打招呼,那么可以先通过**邮件**或**聊天软件**和上司进行交流。这样一来就可以减轻自己与上司面对面时的抵触情绪。

另外，一旦迈出第一步，就最好尽可能地每天都和上司保持一定的交流，这样也会在一定程度上降低你做这件事的难度。因此，我建议大家可以每天在固定的时间向上司汇报工作进展，等等。

向上司请教问题或者和上司商量事情等也都是正当的理由，是能接触上司的绝佳机会，所以请大家一定要抓住这些机会。因为上司的工作就是管理下属，所以大多数上司都会想要尽可能地了解自己的下属。

因此，从上司的立场来看，他应该也会在意下属的情况。通过邮件或打招呼的方式增加与上司接触的机会，不仅可以克服你自身对上司的恐惧，也可以让上司更加了解你，对你感到放心。同时，随着接触次数的增多，上司对你的好感度应该也会有所提升。

一般来说，上司在与下属接触时也会感到紧张。如果你能体谅上司的这种心情，那么你与上司之间的关系会朝着更好的方向发展。

当你习惯了和上司打招呼之后，可以开始试着和上司聊聊家常。比如，"您今天中午吃了什么呢""您住在哪里呢"，等等。

像这样，通过增加与上司之间的联系，能够触发单因接触效应。这样一来，你对上司的恐惧应该就会有所缓和，与上司之间的关系也会朝着更好的方向发展。

案例 31

被强势的人拜托做某事时

被性格强势的同事或朋友拜托去做某件事，虽然自己并不想去做，但却没办法拒绝对方……

尽早拒绝对方拜托你的事情！

无论在哪里都会有性格强势的人，与这种类型的人交流往往会感到非常心累。

一般来说，即使想强迫自己和性格强势的人好好相处，结果往往也只会打乱自己的节奏。最好的方法是：只与让你觉得很难相处的人进行==最低限度的交往==，并==保持一定的距离==。

但是，如果这个人是你的上司或者同一小组的同事，那么即使你想和对方保持距离，实际上也应该很难做到。

当人们在面对让自己感到恐惧的人时，通常会害怕自己被对方讨厌、被对方攻击，于是往往会采取含糊不清的应对措施。因此，应该会有很多人"在被对方拜托帮忙时，虽然内心想拒绝，但却没能明确地拒绝对方，于是在不知不觉间就那样接受了"。

明明不想去参加聚餐，但在被性格强势的人邀请之后，却说出了"如果能去的话，我会去的"这种含糊的回答；明明是自己不想做的工作，却无法当场拒绝对方，只能委婉地表示"让我稍微考虑一下吧"。

但是在对方看来，这种含糊不清、模棱两可的回答，就等于是同意了他的提议或请求。结果，你只能迫不得已地去参加自己完全不想参加的聚餐，在那里度过尴尬的几个小时；或者为了帮对方的忙，而去做自己并不想做的工作……由于自己模棱两可的态度而浪费了自己的时间和精力，这样的情况十分常见。

如果只是被拜托一两次的话倒还好，但是性格强势的人一旦认定"这个人不会拒绝我"，哪怕他本身并没有恶意，也会接二连三地给你出难题，让事情按照他们期望的方向发展。

因此，当你感到厌烦时，哪怕是为了不让自己被卷进对方的节奏里，也请你<mark>尽可能当场拒绝对方</mark>。

对方越是难对付，"当场干脆地拒绝对方"这件事就越显得重要。"非常抱歉，我办不到""这次我将不会参加"。如果你能像这样将自己的想法用语言表达出来，那么在大多数场合，对方也不会再继续追问这件事情。

在这种情况下，也许你会害怕"如果对方生气的话，该怎么办""我会不会因此被对方讨厌"。然而，拒绝也是交流的一环，对方并不会因为你这次拒绝了他就立刻表现出"很讨厌你"的样子，所以，不要害怕，勇敢地拒绝对方吧！

如果你无论如何都无法当面拒绝对方，那么你可以先告诉对方"<mark>我之后给你答复</mark>"，然后看准时机，尽早果断地拒绝对方。在明确表示拒绝之前，你拖的时间越久，对方也会越来越焦躁，心想"怎么还没答复我"，这样一来，很可能会加深对方对你的负面印象。

归根结底，要尽可能减少与对方接触的时间。这不仅能避免对方对你的印象恶化，也能避免你自己积攒多余的压力。

案例 32

害怕他人的目光时

在演讲、致辞、开会等不得不在许多人面前说话的场合,会很害怕来自大家的目光……

直截了当地告诉大家"我现在很紧张"!

第 7 章　减轻恐惧的方法

"在许多人面前讲话时，会感到恐惧。"这样的人绝不在少数。

在这种情况下，最佳的解决方案是直截了当地告诉在场的人"我现在很紧张"。无论是谁，在许多人面前讲话时都会感到紧张，即使是被认为习惯了在众人面前进行辩论的美国人也不例外。在美国曾经有人就"你最害怕的事情是什么"进行了问卷调查，结果排在第一位的答案是"在许多人面前讲话"。

在这世上，大多数人都不擅长在众人面前讲话。

因此，当你在众人面前讲话时，如果能坦率地说出"==我现在很紧张=="，那么在场的大多数人都会理解你的感受，"这种场合确实是会紧张""我明白这种心情"，基本上不会有人觉得"为什么要说这种话啊""太没礼貌了吧"。

此外，告诉在场的人"我现在很紧张"，这件事本身也能缓和现场的氛围，所以，即使你的说话方式看起来似乎很没底气，即使你因为害羞而满脸通红，在场的人也会尽可能地包容你的。

那么，为什么当人们站在许多人面前时会感到恐惧呢？

这是因为人们往往会过于担心"对方会不会觉得我的表现不好"，从而使自己内心的防卫机制开始发挥作用。过度的自我防卫常常会让自己变得紧张，并且使自己更不愿意对他人敞开心扉。因此，克服自己内心的自我防卫机制是克服害怕与人交往的关键。

那么，该怎样做才能克服自身过强的防卫本能呢？

解决这一问题的关键是一种被称为"==自我表露=="的行为。所谓"自我表露"是指将自己的想法告诉他人，增加"==让他人了解自己=="的机会。

"站在许多人面前时，就会感到紧张。"有这种情况的人，大多都会有这样的心理倾向：即使和别人说起自己的事情，可能也无法得到对方的理解，也许还会被对方伤害。如果是这样的话，反倒不想接触人了。但是当你开始尝试将自己的事情告诉他人并得到他人的理解之后，这种恐惧的情绪就会逐渐淡化。

对于"与他人交流"这件事来说，经验就是全部。如果你"非常在意他人的目光""不擅长在许多人面前讲话"，那么可以一步一步慢慢来，不断增加**自己和他人说话的机会**。

话虽如此，如果一开始就和自己不熟悉的人或者初次见面的人说起自己的事情，通常会很难做到，所以请先对自己的家人和朋友等"容易让你开口说话的人"说些"容易开口说的话"吧！

今天发生的事情，自己现在在意的事情、喜欢的事情、不擅长的事情……只要是当下浮现在你脑海中的事情，无论什么都可以。请和别人说说你自己的事情吧！

当你习惯了和家人、朋友等亲近的人说一些容易开口说的事情之后，接下来就试着和"容易让你开口说话的人"说一些"难以言说的事情"吧！

当你连这件事也习惯了之后，可以接着尝试和"难以让你开口说话的人"说些"容易开口说的事情"。

在最后，就是试着和"难以让你开口说话的人"说些"难以言说的事情"！如果你能越过这一关，那么从今以后，即使你站在许多人面前，也可以不在意他人的目光，大方自信地说出自己想说的话。

就像这样，一步一步慢慢来。在按照自己的节奏向前迈进的同时，逐渐掌握说话的技巧吧！

可以不强行克服恐惧感吗?

无论是谁,都会有自己害怕的东西。

例如,有害怕鸟的人、有害怕玩偶的人、有害怕虫子的人、有害怕狭窄房间的人、有害怕水的人,等等。害怕其他人所不害怕的东西,绝不是什么稀奇事。

"**系统脱敏法**"是一种具有代表性的克服恐惧感的方法,通过渐渐习惯自己所害怕的东西来消除自身的恐惧。

例如,如果你害怕乘坐直梯,那么第一天,你可以先试着走到直梯跟前。第二天,你可以试着按下直梯的按钮。第三天,你可以试着走进开着门的直梯,然后再走出来。就像这样,循序渐进地克服自己对于直梯的恐惧。最后,你就能够习惯乘坐直梯了。

最近,有些儿童口腔科也开始对害怕牙医的孩子采用系统脱敏法。在日常生活中,这一方法也逐渐被应用到各种场合中。

但是在我看来,**没有必要去克服自己所有的恐惧感**。

实际上,我自己也有恐高症,没办法乘坐那种非常长的自动扶梯。但是我并没有想要克服这一恐惧。因为即使我不敢乘坐扶梯,还可以乘坐直梯或者走楼梯,所以我没有必要拼命去克服自己"不敢乘坐扶梯"的恐惧。

同样,我也对乘坐飞机感到恐惧,但是在大多数情况下,即使不乘坐飞机也并不会影响我的出行。在无论如何都必须乘坐飞机的时候,我会提前找医生给我开一些安定类的药物。虽然我从来没有真正服用过这些药物,但哪怕只是将它们带在身上,也会让我感到安心。

就像这样,即使不克服恐惧感,我们也能通过采取某种程度的对策来解决问题。

也许会有人认为"有害怕的事情"并不是一件好事，所以会想要尽可能地向他人隐瞒自己害怕的事情。但是，认为"有害怕的事情＝丢人"，其实是一种非常轻率的想法。

在我的来访者中，曾经有一位患有"过山车恐惧症"的男性。他对我说："无论如何我都不想坐过山车。但是作为父亲，我不想在孩子面前丢人，不想让我的孩子看见我害怕的样子。所以，我从来没有带我的孩子去过游乐园。"

在这个**多元化**的时代中，存在着各种各样的人，这是理所当然的事情。无论是谁都会有自己擅长的事情和不擅长的事情。

如果那位父亲能告诉自己的孩子"即使是像我这样的大人，也会有自己不擅长的事情"，那么将来，即使孩子有了自己不擅长的事情，也能顺其自然地接受自己的"不擅长"。也许孩子会想起父亲曾经对他说过的话，因此而觉得"无论是谁都会有弱点"。这样一来，他就不会过度在意自己的恐惧。

虽然我在上文中已经提到过了，但在这里我想再重复一遍。不同的人会对不同的事物感到恐惧，而且人们所恐惧的事物往往是千差万别的。

有时候，一个人所害怕的东西很可能是另一个人非常喜欢的东西。没有人可以评论这两个人谁好谁坏。所以任何人都没有必要对于自己的恐惧感到羞耻，我希望大家能把自己的"恐惧"当成自己的**一份"个性"**。

我相信，对于你来说非常重要的人们都会愿意认同"你的恐惧是你的'个性'之一"。

第 8 章
转化遗憾的方法

将遗憾转化为机会，去取得了不起的成就吧！

在各种各样的感情中，"遗憾"是一种能**根据你不同的处理方式而发挥出极大作用**的感情。

没能做成自己想做的事情，觉得非常遗憾；没能得到自己想得到的东西，觉得非常遗憾。

将这种遗憾转化成机会，"接下来，要继续努力"，则可以让自己变得更加优秀。

人们常说的一句话是：在很多情况下，比起在比赛中获得第一名的人，获得第二名、第三名的人反而会在之后发展得更好。

当然，能成为第一名是一件很了不起的事情。这并不是谁都能做到的事情，成为第一名的道路绝对非同寻常。

但是，在成为第一名之后，有许多人会因为"取得了第一名"这件事所带给自己的成就感而满足于现状，从而失去了拼搏精神。

在这之中，虽然也有人想在今后继续保持第一名的成绩，但是在得过一次第一之后，需要很强大的精神力量才能继续维持这种动力。

正因如此，比起得了第一名就感到满足、开始懈怠的人，得了第二名、第三名的人却每天都在怀着遗憾的心情不断努力、不断挑战新事物，所以才会出现"在比赛中获得第二名、第三名的人反而会在之后发展得更好"这种现象。这正是"遗憾"这种心情所蕴含的巨大能量。

根据处理方式的不同，遗憾的心情可能会成为帮助你成长的可靠伙伴。

当你的内心萌发出遗憾的心情时，千万不要忘记这种心情，请一定要有效地利用它！将当下的遗憾转化为让自己成长的机会，不断改变自我、挑战自我。等再回头看的时候，你应该已经取得了非常了不起的成就。

案例 33

没能完成工作指标时

太过遗憾,以至于没办法集中精力做眼前的工作……

把它当作是"开始做一件新事情的绝佳机会",继续付出微小的努力!

第8章 转化遗憾的方法

当你付出了努力,却没能达成目标时,这种遗憾的心情是无法估量的,但是即使你一直沉浸在遗憾的心情中无法自拔,事情也不会出现任何转机。

在感到遗憾时,请把它当成是"开始做一件新事情的绝佳机会",并好好利用这个机会!

为什么在感到遗憾时是开始做一件新事情的机会呢?因为要想取得成就,离不开每天**积攒下来的微小努力**。

如果当你开始做一件新事情时没有足够的动力,那么过不了多久,你就会在不知不觉间松懈下来,"现在不做也可以吧""这个等明天再做吧",一再拖延你该做的事情。因此,如果你希望自己能有所成长,那么就必须拥有能让你每天坚持努力的**强大动力**。

遗憾的心情是维持强大动力必不可少的要素。遗憾的心情越强烈,动力也就能维持得越久。正因如此,我希望大家在怀有强烈遗憾的心情时能转变自己的思维,把它当作是"让自己成长的机会",继续努力学习新的知识和技能。

另外,据我观察,在开始做一件新事情时,有许多人会给自己设定目标。不过,达成目标的秘诀是设定"**现在立刻就能完成的小目标**"。

当你感到遗憾时,最好能趁着这份遗憾的心情还很强烈时,尽快着手去做新事情。如果不这样的话,你就会在不知不觉间忘记了这份遗憾的心情。最好能在感到遗憾的当天就开始行动。此外,如果设定的目标太高,则很可能会劝退自己,在很多情况下,事情往往会还没开始做就被搁置了。

所以,我希望大家都能去设定让自己今天就开始行动的小目标。

例如，如果你因为无法流畅地说英语而感到遗憾，那么即使你为自己设定了"每天学3小时英语"的目标，也很可能会因为压力过大而三天打鱼两天晒网，最终不了了之。

但是，如果"一天学3小时英语"很难，那么"一天记1个英语单词"是不是就简单多了呢？这样一来就可以坚持下去了，不是吗？

如果你能把"每天记1个单词"这件事坚持一年，那么一年之后，你就可以掌握365个单词。虽然每个人的能力不同，但是请找到你自己"现在立刻"就能做到的事情，然后努力去做吧！

曾经，当我以考取心理咨询师资格证书为目标时，由于平时工作太忙，几乎没有可以学习的时间。虽然我也报名了考试，还购买了网课和教科书，但却完全没办法抽出时间学习。当我意识到这个问题时，距离考试日期仅剩3个月的关键时期了。

当时走投无路的我采取的方法是"把教科书放在枕边，每天在睡觉前，至少要解决一个问题"。虽然也有因为太困解决一个问题也很吃力的时候，但我对自己的要求是：每天无论有多困，都必须最少解决一个问题。在状态好的时候，可以增加到2~3个问题。

结果，虽然我没能看完整本书，但是却顺利地通过了考试，拿到了证书。

一年、两年的时间转瞬即逝，每天都坚持做些什么的人会和每天什么也不做的人拉开很大的差距。当初因为遗憾而坚持付出的努力终究会变成你的实力。

案例 34

业绩被同事赶超时

我的业绩一直以来都是部门里最好的,但这个月却被同事赶超了。我觉得非常不甘心,以至于不想去公司上班了……

不要将他人视为对手,而要将"过去的自己"视为对手!

人们在感到遗憾时，通常会面临两种选择。

第一种是"==为了避免之后还会发生让自己感到遗憾的事情，从现在开始，努力做一些新事情=="。第二种是"==逃离那个让自己感到遗憾的地方，从而使自己忘记那种遗憾的心情=="。

如果要从这两个选项中进行选择的话，后者的"逃避"会比前者轻松许多。因为你什么都不用做，就可以完成这件事。

顺便说一下，越是人生一帆风顺的人，越不习惯面对挫折。当他们感到遗憾时，会变得厌倦一切，并且往往会选择逃避。

我有一位朋友，她是一名非常优秀的销售。她曾经对我说过这样一件事。

一直以来，她在公司里始终保持着业绩第一的成绩，但是有一位业绩很差的同事却一直在努力地赶超她，并且在几个月之后，真的超过了她的业绩。于是，她对"被之前一直不如自己的同事赶超"这件事感到非常不甘心，甚至已经不想再去公司上班了。

事实上，当你感到极其不甘心，觉得"好烦，什么也不想干了！"的时候，其实恰恰证明了"你一直以来的人生都是被眷顾的"。因此，我希望大家能把自己现在所感受到的不甘心或者遗憾，看作是能让自己成长的机会。

另外，一定有很多人会将自己和他人进行比较，并认为自己不如他人。当你想要和他人进行比较时，我希望你不要忘记：应该和现在的你进行比较的对象不是"别人"，而是"==过去的你=="。

每个人成长的环境、经历以及与生俱来的能力都天差地别，每个人都有属于自己的、独一无二的特点，所以每个人在这个

第 8 章　转化遗憾的方法

社会上的生存方式以及能发挥的作用都会有所不同。

将自己与条件不同的其他人进行比较，这件事情本身就是不成立的。能与现在的自己进行比较的只有过去的自己。

无论其他人有多么优秀，他人就是他人，他们与你无关。将自己和其他人进行比较，并因此时而欢喜时而忧愁，其实是完全没有意义的一件事。如果其他人的业绩超过了你，那么你就坦然地接受这个结果，然后反思一下自己是否有可以改进的地方，完全没有必要因此而感到遗憾。

此外，如果总是将自己和他人进行比较，就会变得无法认可自己的价值，因为你已经将评价自己的权力交给了其他人。

如果你无法认可自己，就会觉得"自己会变成现在这种状态，是因为周围的人没有认可我。既然这样的话，即使努力也没什么意义"，然后就因此而不再努力。这样一来，你就会进一步被其他人赶超，遗憾的心情也会越来越强烈，由此陷入恶性循环。

是将已经发生的事情怪罪于其他人，还是把它看作自己的问题？这是能有所成长的人和不能有所成长的人的分水岭。不要只是一味地感到遗憾，去付出自己所能付出的努力，这最终会成为对自己未来的投资。

不要将自己和其他人进行比较，而要将现在的自己与过去的自己进行比较，思考自己能做的事情和不能做的事情，然后，尽情地表扬努力的自己。

归根结底，名次和他人的看法只是评价的指标之一。如果你能以自己满意的状态不断努力，自然就能得到自己想要的结果。

案例 35

替他人收拾烂摊子时

明明自己什么也没做错,却要因为同事犯下的错误,而替他去给客户赔礼道歉。真的很不甘心……

就当作是"卖个人情给对方"吧!

明明不是自己的错误，却要代替犯了错误的同事去给客户赔礼道歉、被上司责骂，想想就觉得这也太不公平了吧……如果你曾经在团队里工作过，肯定有过这样的经历吧？

"如果是自己犯的错误也就罢了，因为别人的错误被责骂，实在是太没道理了！"可能有很多人都会这样想，并且感到不甘心。

但是，如果你因此而责怪犯了错误的同事，对他说"都怪你，我才会被上司责骂"，或者在背地里指责对方让自己代为受罚，表现出自己很不开心的样子，实际上会让自己损失一个绝佳的机会。

只要你稍微转换一下思维就会发现，现在其实是"**卖个人情给犯了错误的同事，提升周围人对自己的好感度的绝佳机会**"。

在这世上，绝大多数的人都讨厌被责骂。

正因为无论是什么样的人都不想被责骂，所以人们才会为了能遵守截止日期、完成高质量的工作而努力。

也正因如此，当你替同事承担了所有人都讨厌的"责骂"时，你会因此而赢得大家的尊重，你在大家心目中的声望会越来越高。从犯了错的那位同事的立场来看，他会觉得"他帮了我的忙""他是在关键时刻可以依赖的人"，这样一来，他对你的信赖感会一下子提升很多。

另外，从其他同事的角度来看，当他们知道"那个人为了给同事收拾烂摊子而被责骂了"之后，他们会觉得"那个人很有责任感"，因而对你的好感度也会有所提升。

因此，当你代替某人挨了骂之后，无论你有多不甘心，也请你忍耐自己的不甘心，不要对让你挨骂的同事说："你为什么会犯这种错误呢？就因为你，我才会挨骂！"

既然"挨骂"这一事实已经无法改变，与其责怪对方，不如对对方说："**这次的事你不要放在心上。不过，我希望你今后能多加小心，不要再犯同样的错误啦**。"提升自己在对方心里的好感度才是赚到。

当你因为自己犯错而被责骂时，也许会觉得"啊！我真是个没用的人"，因此而感到沮丧。

但是，当你因为其他人的错误而被责骂时，由于并不是你自己犯下的错误，所以与其不甘心"为什么我非得替他挨骂呢"，不如把这件事当作是别人的事、与自己无关的事来考虑，"我是因为其他人才挨骂的""我代替同事挨骂，可以帮助犯了错误的同事"，等等。

有句俗语叫作"好心有好报"，在你替别人挨骂后，这件事肯定会在将来以一种有利于你的形式回馈到你身上。

案例 36

对方在你面前显示优越感时

孩子同学的妈妈向我炫耀她的丈夫和孩子。我事后回想起来，觉得非常苦恼，也很不甘心……

就把她当作是"没能得到满足的可怜人"吧！

大家有听说过"mounting"这个词吗?

这个词最初来源于格斗比赛等场合,原本是指骑在对方身上的"骑跨行为",后来引申为"展示自己的优越感"。

例如,当听到对方开心地说"虽然我是第一次去夏威夷旅行,但是真的非常开心"时,有的人会故意说:"我小时候一直住在夏威夷,最近夏威夷的人越来越多,所以我都不怎么去了。"其实,这就是在暗示对方"我很熟悉夏威夷",也可以说其实是在彰显自己的优越感。

年收入、工作、容貌、家世……所有的对话中都隐藏着攀比。

当其他人在你面前展示优越感时,你会觉得"他是在看扁我吗""他是在把我当成傻瓜吗",因此而感到不甘心也是理所当然的。

当你觉得"真是气不打一处来"的时候,就去找除了那个人以外的其他人吐槽吧。"遇到这种事儿,真是太窝火了!"正视自己的心情是非常重要的事情,所以没必要觉得"因为这种事生气,也太小气了吧。"

在你的心情有所平复之后,可以试着回想一下那个"总是忍不住显摆自己"的人的背景。

在喜欢彰显自身优越感的人群之中,有许多人的内心都没有得到过满足。如果一个人的内心得到了满足,那么他就能认可自己,从而也不会觉得有和其他人进行比较的必要。

这类人之所以会喜欢向他人炫耀"我比你强",是因为如果他不提醒自己"我比这个人强",他的内心就会无法得到满足。如果他不能找出自己比其他人强的地方,他就会无法认可自己。当他无法认可自己时,"想被其他人认可"的这种诉求就会变得极其强烈，所以，这类人其实是非常可怜的人。

因此，当有人在你面前显示他的优越感时，你完全没有必要觉得不甘心，而且，你也没有必要被卷进那个人"渴望自己被认可"的漩涡之中。无论对方说什么，你只需要想着"==这个人是一个无法认可自己的可怜人=="，然后随声附和他，让这件事赶快过去就可以了。

但是，如果你因为对方经常在你面前显示自己的优越感而变得越来越焦躁的话，那么就下定决心和对方断绝来往吧！这对于守护你自己的内心而言是非常必要的。

一般来说，人们往往会觉得"朋友越多越好""成为无论和谁都能友好相处的人会比较好"，但实际上，我们没有必要和所有人都保持友好关系。

无论你有多想和对方好好相处，但是合不来的人就是合不来。你没有必要为此而牺牲自己、伤害自己。

对于经常在你面前显示自己优越感的人，我的建议是和他减少联系，或者干脆下定决心断绝来往。

案例 37

在社交平台上看到令自己羡慕的动态时

看到朋友发的令人羡慕的动态，觉得非常羡慕……

限制自己使用社交软件的时间和次数！

第 8 章　转化遗憾的方法

虽然社交软件既方便又有趣,但是从另一个角度来看,它会让大家"频繁地特意去看原本不看也可以的东西"。

例如,当你在周末浏览社交软件时,会看到许多人发了自己"去了哪里""吃了什么""见了什么人"等开心的照片或视频。

当看到朋友们发了他们在一起开心地聚餐的动态,也许你会因此而觉得难过。"为什么不叫我一起去呢?"在"不知道反而比较好"的事情被可视化之后,会令许多人因此而感到心烦。

明明在使用社交软件之前,可以自己一个人在家里自在悠闲地度过一天,但是当看到其他人精彩的周末时光之后,就会突然觉得自己的周末变得索然无味……应该有人曾经有过这种经历吧?

原本应该非常充实的周末,却因为**社交软件上的一条动态**破坏了自己的好心情,浪费了宝贵的时间,这是非常**可惜**的事情。

那么,在看到社交软件上充斥着的令人羡慕的动态之后,不由得感到遗憾时,应该如何与自己的这种情绪相处呢?

首先,作为一个大前提,我希望大家能知道的是:社交软件中的世界是"**被创造出来的世界**"。截取自己生活的一小部分,然后通过几张照片或者几秒钟的视频,加工出"**自己想让大家看到的世界**",并发出来给大家看。

例如,虽然看起来像是非常精致的菜肴,但其实味道并不好吃;虽然从照片上看是非常整洁干净的房间,然而实际上,在没有被拍到的地方,孩子的玩具散落了一地。

在精致的照片背后,往往还隐藏着这样的"内幕"。

当你知道了社交软件中的世界其实是被创造出来的世界之后,我想,你应该就不会再对其他人的生活感到羡慕了。

147

但是，如果你过于遗憾自己没能过上别人在社交软件中所展示的生活，甚至这种情绪已经影响到了你的日常生活，使你一直觉得非常不舒服的话，这对你的内心来说并不是一件好事。在这种情况下，我建议你==下定决心，远离所有社交软件==。

如果你无法下定决心注销账号，那么就==限制自己使用社交软件的时间和次数==吧！

对于有些人来说，也许一整天不看社交软件就会感到不安，但其实，即使不知道社交软件上的信息，也不至于让你无法继续生存下去。倒不如说在现实生活中，与社交软件保持适当距离的人，反而生活得格外顺利。

社交软件确实是将你和世界联结起来的工具，但是我希望大家能明白，这个所谓的世界实际上是只有一部分人参与的、非常狭窄的世界。

现在，我希望你能轻轻地放下手中紧握的手机，去看看精彩纷呈的现实世界。

第 9 章
克服害羞的方法

避免因"害羞"而错失人生的机会

通常人们在感到害羞时,脑海里会闪过什么样的想法呢?

"只有我自己穿了不合时宜的衣服!"

"我是不是说了什么奇怪的话?"

这种现象是由于自己在脑海中想象"别人会怎么看我"而引起的。也就是说,当自我意识过剩时,往往就会很容易感到难为情。

感性的人更容易感到害羞,更容易在意他人对于自己的评价。如果只是自己在心里觉得"害羞"倒还好,然而这种感情往往会**阻碍自己的行动**。

明明有喜欢的人,却因为"虽然我想将自己的这种心情传达给对方,但万一被对方耻笑的话,我会觉得非常难为情,以至于没办法将我的心情坦率地告诉对方"而放弃了;明明有想做的事情,"虽然我有这样的梦想,但因为我很害羞,所以不敢去挑战",就这样放弃了。

害羞这种感情会成为你人生路上的绊脚石,让原本属于你的机会溜走。如果明明有想挑战的事情,却因为没办法踏出第一步而放弃,是非常可惜的事情。因为害羞这种感情会阻碍你的行动,因此很可能会让**你错失人生的机会**。

感到害羞这件事本身绝不是一件坏事,但是,为了不被这种感情所操控、不让自己的行动被限制，需要去控制自己害羞的情绪。

为了不让自己人生中重要的机会溜走，请大家一定要实践一下。我从下一页开始介绍的转换"害羞"这种情绪的方法。

案例 38

在大家面前失败时

当我在大家面前失败时，会因为太过难为情而坐立不安……

在心中默念10遍"实际上，别人并不会关注我"！

第 9 章　克服害羞的方法

当人们感到难为情时，有很多时候是因为"在大家面前失败了"。

"在马路中间摔倒了。"

"写错了邮件的收件人姓名。"

我们经常会对自己的这种小失误感到"羞耻"。

但是，这种程度的失误真的足以让人感到羞耻吗？

在因为自己的失败而感到"羞耻"时，请先仔细地想一想。例如，当你看到有人在路边摔倒时，你会觉得"那个人好丢人"吗？倒不如说，"那个人没事吧？"这种担心的心情反而会更强烈，不是吗？

即使你写错了收件人的姓名，但是全世界又有几个人能永远都不会写错收件人的姓名呢？因为这种类型的失误是十分常见的失误，所以对方也会睁一只眼闭一只眼，觉得"这也是常有的事"。

冷静下来想一想，你就会发现自己所犯的大部分错误都**不至于让自己感到如此羞愧难当**。

经常会觉得自己做了丢人的事并因此而停下脚步的人，在生活中很可能会过度在意他人对自己的评价，**以他人为中心**生活。越是在生活中经常将他人对自己的评价作为基准的人，越容易感到羞耻，越会担心"我失败了，别人会怎么看我呢？"

但是，即使在你自己看来是让你颜面尽失的失败，其他人却可能完全不会在意。

换句话说，在很多情况下，其他人很可能根本不会注意到你的失败。即使他们看到了，在大多数情况下，5秒钟之后，他们又会开始想其他事情了。

如果真的有人揪着你的失败不放，并一直嘲笑你，那么他很可能是过于在意你的事情，或者他本身就是个"奇怪"的人。除去这两种可能，人们不会对其他人的失败如此关注。

因此，当你失败时，请一定要==在心中默念 10 遍"其他人不会关注我""人们不会那么关心其他人"==，等等。

此外，失败的人也更容易得到大家的爱。

比起完美的人，人们通常会对于有弱点的人或者受过伤害的人感到更加亲切。相反，人们如果和完全不犯错的人待在一起，反而会觉得非常压抑。

例如，当你的上司在你的后辈面前责骂你时，你的后辈会觉得"啊，原来即使是前辈也会有被骂的时候，所以即使将来我失败了，也没关系吧。"这样一来，反而会让你的后辈感到安心。

失败并不一定是坏事，有时候失败反而能让我们更加清楚地认识自己。这样一想，是不是就会觉得没有必要因为自己的失败而感到羞耻呢？

案例 39

和喜欢的异性接触时

仅仅是和喜欢的人说话都会觉得非常害羞,甚至不敢看着对方的眼睛……

从和对方说"早上好"开始!

仅仅是看到自己喜欢的人，就会变得非常害羞，甚至不敢看着对方的眼睛。

即使有能和对方说话的机会，也会因为自己过于害羞而什么话也说不出口。这样一来，别说是邀请对方出来约会或者向对方表白，就连正常的聊天都做不到……

由此可见，关于**恋爱**的"害羞心理"会一直存在。

这是因为一旦喜欢上某个人，就会变得非常在意那个人对自己的看法。正因为想尽可能让喜欢的人看到自己好的一面，所以才会有"失败的话，会很丢脸""不想因为说出奇怪的话而被对方讨厌"这种想法。

既然喜欢对方，那么会过度在意那个人对自己的看法，会因此而感到害羞，也是理所当然的事情。

一般来说，大多数人都会觉得害羞的人很可爱，所以不需要刻意隐藏自己的害羞。然而如果过于扭捏，甚至不能和对方正常交流的话，则会本末倒置。

进一步来说，如果你因为太过害羞而无法认真地和对方交流，那么从对方的角度来看，他可能会误认为"自己被讨厌了"。

此外，当对方面对连看到自己都会害羞的人时，应该也会很难说出"要不要一起出去玩"或者"请和我交往"之类的话。

如果你想和对方有更进一步的发展，那么就需要你从"太害羞了以至于说不出话""太害羞了以至于不敢看对方的眼睛"这一阶段出发，再向前迈进一步。

为此，唯一的方法就是尽可能地增加与对方接触的次数，让自己习惯对方。

首先，要从"太害羞了以至于说不出话"这种状态中脱离出来。可以先从"**打招呼**"开始!

和认识的人打招呼是人之常情,没有人会觉得和自己打招呼的人"很奇怪",或者因为有人和自己打招呼而感到不愉快。

即使你太过害羞而无法直视对方的脸,那么也应该能做到和对方打招呼这种程度的事情。

"早上好""你好""再见",等等,在自己能做到的范围内去做就可以,养成和对方打招呼的习惯吧!

随着和对方打招呼的次数逐渐增多,你应该就不再会那么害羞了。

在习惯了和对方打招呼之后,你可以试着有意识地看着对方的眼睛,和对方进行交流。比如,"最近,有什么推荐的午餐吗""你通常会在哪里午休呢"等,以此来增加和对方待在一起的时间。

这样一来,"害羞"的情绪就会被逐渐淡化,你自然而然地就能和对方正常地聊天了。

案例 40

被他人称赞时

当被称赞时，会因为觉得害羞而没能认真地回应对方的称赞……

自信地回复对方"谢谢你"！

第 9 章　克服害羞的方法

应该有很多人会在自己被称赞时因为害羞而不经意地说出"没有没有""这不算什么啦"这种谦虚的话。

当我们被他人称赞时，一方面会因为"**对方对自己充满善意**"而感到开心，然而另一方面也会**感到害羞**。

既然开心和害羞的心情都有，那么为什么我们只表达出了害羞呢？这是在很久之前就存在的一个问题。

虽然谦虚是一种美德，但是对来之不易的赞美之词进行否定，这对于称赞自己的人来说其实是一种不礼貌的行为。

对方称赞你，也就意味着对方认可了你。如果你斩钉截铁地否认了对方的这份称赞，那么对方也会因此而变得心情不好。

如果在被称赞时因为过于害羞而否定了对方的称赞，对方也许会觉得"这个人不喜欢被称赞""称赞他，好像反而会让他感到有压力"，这样一来，也许从今以后你将会很难得到对方的称赞，所以否定对方的称赞，其实是非常可惜的事情。

在绝大多数情况下，对方之所以会称赞你，是因为他发自内心地认可你，所以完全没必要觉得"我这种人不值得被称赞""被别人夸奖，会觉得很害羞"，倒不如对自己多点自信吧！

此外，在被他人称赞时，也是看清自己优点的好机会。我希望大家不要忘记他人称赞自己的话语，并将其看作自己的优点，有意识地去做得更好。

即使是因为觉得"这份赞美和自己并不相称"而感到害羞，也请你暂时接受他人称赞的话语。然后，即使害羞也没关系，请将自己对对方的感谢之情认真地传达给对方，坦率地说出"**谢谢您的夸奖**"。这是我希望大家作为踏入社会的成年人一定要掌握的礼仪。

也许有人会想"我不想让别人看到我被称赞之后感到害羞的样子",但是就像我在之前的章节中已经提到过的那样,通常来说,从周围人的立场来看,人们往往会觉得害羞的人很可爱,并且会对害羞的人感到亲切。

因此,即使在被称赞之后感到害羞,也没有必要隐藏自己的害羞。倒不如将自己感到害羞这件事直接地表现出来,"被您这么一夸,我都有些不好意思啦""平时很少有人夸奖我,所以我会觉得有些害羞",等等,这样一来,反而可以提升对方对你的好感。

在面对他人的称赞时,如果你能同时表达出自己的害羞和开心,那么称赞你的人也会感到非常开心。

在受到他人称赞时,请坦率地跟对方说声"谢谢"。随着你接受称赞的次数越来越多,也就能对对方的称赞做出越来越好的回应。

请一定要让自己拥有自信!

案例 41

突然想起让自己感到难堪的事情时

在意想不到的瞬间,突然想起自己过去某段非常失败的经历,于是感到非常难堪……

将自己"现在"对这份记忆的感情记录下来!

在日常生活中，人们有时会在意想不到的瞬间突然想起曾经令自己感到难堪的事情。明明是很久以前的事情，记忆却突然浮现。

"那时候，如果能这样做就好了。"

"我当时为什么会那么做啊……"

明明知道纠结于已经发生过的事情也无济于事，但还是控制不住地感到后悔和难堪，从而无法放下过去。我想，应该有很多人都曾有过这种经历吧？

如果你也是这种容易被过去的记忆牵着鼻子走的人，那么就需要稍微注意了。因为记忆这种东西会比我们想象中的==更模糊、更不稳定==。

曾经有人做过这样一个实验，让学生们在 4 个月里坚持记录每周发生的 15 件事，然后在 4 个月之后给这些学生看他们当时自己记录的内容以及与他们本人无关的假记录，让他们判断哪份记录是真实的。有 90% 的学生回答说自己能识别出记录的真假。但结果却是有 50% 的学生认为假记录是"曾经真实发生在自己身上的事情"。

从这个实验的结果我们也能够看出"**记忆是靠不住的**"。

特别是对于一些自己非常在意的事情，人们往往会在不经意间自己重新对这段记忆进行"加工润色"。

例如，假设你有"曾经因为一次很严重的失败而被朋友嘲笑，非常丢脸"这样一段记忆。然而也许你的记忆曾经被你在某种程度上篡改过，事实是你误会了你的朋友，他并没有嘲笑你，反而很担心你，而且实际上，你的那次失败微不足道，根本不像你想象中的那么严重。

此外，当你回想起过去发生的事情时，可能会连当时的心情也一起回想了起来，但其实是你"==现在回想起过去时的心情=="，是你现在的心情，而并非你在那件事情发生时的心情。

然而，当你回想起过去时，你当下的心情会让你对于曾经"难堪的记忆"感到更加难堪，这种感受会进一步被加深。正因如此，当你越在意让你讨厌的过去时，记忆就越有可能会被篡改成你讨厌的模样。之后随着时间的流逝，你的那份记忆所带给你的感受可能会越来越差。

为了避免这种情况发生，当令你感到难堪的记忆复苏时，将"当时==发生了什么事情==""现在的自己是==什么样的心情==" ==记录下来==是非常重要的。

不要被自己的情绪所操控，而是通过已经发生的事实来看待每一件事，这样一来就能够让自己冷静下来。也许一开始这会很难做到，但如果你能接受自己、肯定自己的过去，那么你对于自己过去的看法也会发生变化，你现在的记忆将来也会被更好的记忆覆盖。

人是不断地重复着"现在"而度过一生的。

如果过于在意过去，就会很难享受当下。明明现在回想起来的记忆可能是假的，但却被这种讨厌的记忆束缚着，这是非常可惜的事情。去勇敢面对没有被篡改的、真正的记忆，减少自己被过去束缚的次数吧！

第10章

消除不满的方法

处理不满情绪的最佳对策

人们通常会在事情没有按照自己所期待的那样发展时感到"不满"。

不满是人们在日常生活中无法避免的情绪。尤其是在进入社会工作之后，应该有很多人都曾真切地感受到"所谓社会，就是一种与自己的想象背道而驰的存在"。

自动贩卖机里，自己想要的东西已经卖完了；没能赶上电车；看不懂地图，找不到路……在日常生活中，我们经常会因为这些小事感到不满。

除此之外，还有对自己的不满以及对他人的不满。

即使是互相非常了解、关系非常亲密的人，也很难完全理解对方的想法。

那么，应该如何处理这种经常出现在我们日常生活中的不满情绪呢？最好的方法是：无论如何，先**倾诉情绪**。

人们通常很难完全了解自己的情绪。正因如此，才需要将自己的情绪表达出来，使其具象化，以便能让自己意识到自己究竟是对什么感到不满、有多不满。

此外，在将自己不满的情绪具象化之后，要努力找出让自己感到不满的原因，并尽可能地从根本上除掉它。

如果对自己的不满情绪放任不管，那么这种不满的情绪就会越来越强烈。因此，我希望大家能认真地分析"自己究竟对什么感到不满""怎样做才能消除让自己感到不满的原因"。

最后，我也希望大家能将我在本书前几章中所介绍的各种与情绪相处的方法作为参考，与自己的内心友好地相处吧！

案例 42

难以抑制对于公司的不满时

因为工资、日常的业务等,对于公司的不满,一言难尽……

向他人抱怨!

第10章 消除不满的方法

预定的日程延后、工作没能像自己想象中的那样顺利进行……

每当在工作上发生不如自己所愿的事情时，我们都会感到不满。

化解不满情绪的最佳方法是"**抱怨**"。

也许有人会觉得"抱怨是一种不好的行为"。但其实，抱怨绝非不好的行为。我在本书中也曾多次提及，如果对于累积在自己内心的情绪置之不理，那么你将永远无法从那种情绪中解放出来，将永远无法忘记那种情绪。

无论通过什么样的形式进行倾诉都可以，只要能让自己的不满情绪有所缓解就可以，所以请大家对自己信任的朋友倾诉自己在意的事情或者不满的事情，直到自己的内心能够冷静下来为止。

也许有人会觉得："只是抱怨几句，就能改变什么吗？"但其实，营造能让自己坦率地吐露烦恼的环境，从而让自己感到安心，并且能够客观地看待在自己身上发生的事情的一系列行为，是在心理学的治疗以及心理咨询等场合中经常被使用的方法。

而且，当你向某个人倾诉自己的不满时，你会意识到"其实这个世界上有能理解我的人"，仅仅这样，也会让你感到非常安心。

但是，如果你向他人抱怨时说的话意外地传入了你所抱怨的那个人的耳朵里，则很可能会产生不好的结果。因此，在对工作上的事情（比如公司的方针、制度等）进行抱怨时，要谨慎地选择听你抱怨的对象。

通常，以"这些话我只对你说"这句话开头的话题，基本

169

上都会传到其他人的耳朵里,所以我希望大家能提前做好准备,避免之后让上司从其他人口中听到你的抱怨,从而使你自己在工作上遇到麻烦事儿。

此外,没有必要把"倾诉不满情绪"这件事看作是在抱怨。你可以尽可能地与公司里看起来似乎和自己有同样不满的人进行交流。

在与对方进行交流时,不要没完没了地带有感情色彩地抱怨说"你不觉得咱们公司的这一点很不好吗""这个公司有这样改变的必要",而要冷静地表达自己的不满,比如,"咱们公司的这个制度有点难理解呢""你觉得这个说明书怎么样呢?我在想是不是还可以有其他写法呢",等等。

当你对公司感到不满时,也间接证明了你的工作强度已经超出你所能负荷的范围。

当你感到工作对于你来说十分痛苦,自己的身体和精神都已经超负荷时,主动地**拒绝**"**说出自己的期望**",也是一种解决方法。

"如果按照这种做法,并且由我来负责的话,会非常费工夫,所以可以稍微改变一下这个流程吗?""我的日程表被安排得很满,如果是这样来安排的话,也许我没办法很好地完成这项任务,所以关于交付的日期,能否让我再和您商量一下呢?"就像这样,结合自己的实际情况,向公司表达自己的要求和期望吧!

我希望大家注意的是,不要只是一个劲儿地抱怨,而要尽可能地向着能够"解决问题"的方向"抱怨"。

案例 43

对职场中的人感到不满时

即使对职场中的上司、下属、前辈、后辈等感到不满,也会因为觉得"可能会妨碍工作"而没有说出口。于是,不满的情绪逐渐累积……

趁着不满的情绪还没有那么严重时,以"提意见"的形式,坦率地表达出自己的不满!

上司很恐怖、下属的工作表现很差、和同事合不来，等等。在职场中，与人际关系有关的烦恼数不胜数。

实际上，"==人际关系=="是令绝大多数人在工作中感到不满的原因。

我在此前的章节中也曾提到过，当你感到不满时，为了能让自己冷静下来，最好的方法是==向他人倾诉==。向家人也好、朋友也好、宠物也好、花草植物也好，无论是谁都可以，请倾诉你的不满情绪。

除此之外，你还可以将自己的不满写在==纸==上，或者对着==墙壁==或==镜子==倾诉自己的不满。

总而言之，将自己的不满倾诉出来，可以让自己更加清楚自己究竟是对什么事情感到不满。

当对他人感到不满时，如果一直忍耐这种不满的情绪，则会在自己心里留下芥蒂。如果对自己的不满情绪放任不管，只会让自己的不满情绪越来越强烈。

因此，我希望大家能认真地思考"我究竟是对什么感到不满""需要对方怎样做才能消除我的不满"。然后，为了能消除自己的不满情绪，请在向对方吐露出自己的不满之后，告诉对方改进的方法。

也许有人会想"我没办法直接向对方说出我的不满"，但是在我看来，为了能改变现状，即使不向对方说出你的不满，也至少要向对方说出你的"==意见=="。

因为如果对自己的不满情绪置之不理，只会使自己的不满愈发强烈，从而变得难以应对。所以不如趁着自己的不满情绪还没有那么强烈的时候，向对方说出自己的不满，对方也会更容易接受你的意见，并加以改善。当你的不满情绪愈发强烈之后，你想抱怨的事情也会越来越多，这样一来，只会让你更难说出口。

因此，我希望大家能在自己的不满情绪还没有那么强烈的时候，及时地向对方表达自己的想法。

当你向对方表达意见时，要注意：不要被自己的情绪所操控，毫不避讳地说出自己的想法，比如"你这一点做得很不好""你这样做的话，会使我的工作效率下降，工作负担加重，我会感到很为难"，等等，这样做很可能会使双方之间的交流演变成吵架。

在向对方表达自己的意见时，表达方式至关重要。

在表达不满时，不要将自己的感情掺杂其中，只需要基于已经发生的事实，尽可能**简单地**表达自己的想法即可。

例如，对于总是不遵守截止日期的后辈，如果对他说"为什么不遵守截止日期呢"，只会让他感到厌烦。

这时，可以换一种表达方式来表达你的意见，例如，"如果你不遵守截止日期的话，会导致其他人也没办法准时完成工作，会给其他人带来麻烦，所以我希望你能重视截止日期。同时，我也想听听你的想法。"

你对做什么事情感到为难呢？因为那件让你为难的事情而受到了什么伤害呢？怎样做才能有所改善呢？

首先，要先弄清楚这三个问题的答案，之后再冷静地与对方进行交流，这样的话，对方应该也会认真地回应你。

通过改变表达方式，来化解自己的不满情绪吧！

案例 44

对另一半感到不满时

当另一半做了让我不满意的事情时,就会对他感到不满……

"周三的时候,把这个垃圾扔一下吧。"用尽可能具体的表达方式,来拜托对方进行改变!

第 10 章　消除不满的方法

当你和一个人在一起待的时间久了之后，无论你们彼此之间的关系有多好，都会无法避免地对对方产生不满。无论对方和你在一起多久、对你有多重要，对方都是和你完全不同的人。人与人之间有所不同本来就是理所当然的事情。

为了你们的未来，彼此之间的相互理解是非常重要的。在我看来，当丈夫或妻子对对方感到不满时，要认真地将自己的想法传达给对方，这是能让你们之间的关系顺利发展的重要一步。

但是，在听了许多来访者的倾诉之后，我发现最难的是"表达方式"。

有许多人抱怨说，无论自己怎么表达"希望对方能这样做"，对方也不会有所改变。其实，在这样抱怨的人之中，大多数人的说话方式非常"含糊不清"。

当你用"含糊不清"的表达方式来表达自己对对方的期望时，即使对方没有按照你所期待的那样去做，也是正常的。

有许多人会觉得"正因为他是我的另一半，所以我希望即使我说得不那么详细，他也能自己觉察出来"，所以会下意识地用含糊不清的话语来表达自己的想法。然而，无论对方和你的关系有多么亲密，只要你没能具体地表达出自己的想法，就会很难让对方完全理解你的意图。

因此，**尽可能具体地**表达出对对方的期望，是非常重要的事情。

例如，妻子在出门之前拜托丈夫"看好孩子"，结果回来之后发现，"丈夫正在玩手机，只是偶尔会瞥一眼孩子"。这种事情时有发生。

在这种情况下，你需要尽可能具体地说出自己的想法，这样对方才能理解并执行。

"最近,孩子好像很喜欢去公园里玩那些游乐设施,所以你带他一起去公园玩一小时左右吧。注意看着点儿他,别让他和别的孩子吵架。"

"最近,孩子好像对积木很感兴趣,所以让他玩 30 分钟积木吧,而且他好像很喜欢用积木来搭机器人,如果你能陪他一起的话,他应该会很开心。"

也许有些人会过于在意对方的想法,觉得"说得太具体,对方可能会感到厌烦",于是就会下意识地用含糊不清的话语来表达自己的想法。其实,这样做反而会埋下产生争执的隐患。

因此,将"真心希望对方去做的事情"具体化,清楚地传达给对方吧!

在向对方表达不满时,我希望大家注意以下这几句话:

"为了家人,干这点儿活是理所应当的吧?""不能再认真点吗?"将"本就应该这样"的价值观强加给对方,其实相当于否定了对方,会导致双方的关系恶化。

除此之外,我还希望大家能避免使用"为什么"这个词。

"为什么"这种问法被称为 ==危险问题== 。因为从对方的角度来看,会认为你是在责备他,所以请大家尽量避免使用这个词。

正因为是要一起度过一生的伙伴,所以,为了今后也能友好地相处,在日常生活中要尽可能具体地、坦诚地告诉对方自己的期望。

然而人往往很难改变自己,所以如果仅仅只告诉对方一两次,对方可能并不会立刻做出改变,需要反复不断地告诉对方才行。在对对方感到不满时,互相为对方做出 ==微小的改变==,是维持与另一半之间关系的重要秘诀。

案例 45

对父母感到不满时

无论对父母说了多少次"希望你们不要干涉我的生活",但他们却还是会干涉我。于是,我的不满情绪逐渐累积,有时会因此对他们很冷漠……

先接受父母的意见,然后再发表自己的意见!

对几乎所有人来说，与父母之间的关系是永远也无法割舍的。

但是，有时父母出于好心做的事情，从孩子的角度来看，却会觉得父母是想要过度干涉或者控制自己。因此，在很多情况下，都会产生反效果。

虽然孩子们往往会下意识地觉得"**必须听父母的话**"，但即使是父母，也不一定是绝对正确的存在。

父母也是人，也会有犯错的时候。

每个人的思考方式和价值观都不同，所以我希望大家能把父母和孩子之间的意见对立，看作正常的事情。

在这之中，造成父母和孩子之间意见对立的主要原因是不同年代之间的价值观分歧。

例如，如果父母出生于 20 世纪 60 年代左右，那么他们会认为"女性在结婚之后辞掉工作回归家庭"这件事是理所当然的。然而现在的年轻人们则普遍认为"丈夫和妻子在结婚后都要继续工作"才是理所当然的，而父母那代人却很难接受这一观点。

此外，在父母那一代人的思想中所残留的根深蒂固的价值观是"在一家公司里工作到退休"。然而在当今时代，人们的思想正朝着"不拘泥于一家公司，可以多经历几家公司，不断提高自己的工作能力和水平"这一方向发生转变。当孩子们想要通过换工作来积攒更多的工作经验时，父母们则往往会担心"这种不稳定的生活方式真的没关系吗"。

时代不同，价值观一定会产生分歧。虽然父母总是会说"我很担心你"，但从孩子的角度来看却很难接受父母的这份担心。

第10章 消除不满的方法

正因如此，当你想要消除对父母的不满时，请不要忘记认真地<mark>表达自己的意见</mark>。

有许多人可能会觉得"因为他们是我的父母，所以即使我不说，他们也应该能觉察我的不满"，因此在和父母交流时，也并没有足够清楚地表达出自己的想法。这样做，其实父母会很难理解你的想法，所以认真地用语言来表达自己的想法吧！

我经常听到来访者对我说，"即使我和父母说了我的意见，他们也不会听""修复关系是不可能的"。但是，能否顺利地向父母表达自己的不满，实际上取决于你的表达方式。

即使对父母感到不满，也不要直接对父母说"我讨厌妈妈（爸爸）您这一点"，因为这样做一定会让你们的关系产生裂痕。

不要通过放任自己的感情来表达不满。首先，要先听父母怎么说。在充分理解了他们的想法之后，先暂时接受他们说的话，"<mark>我明白啦。原来妈妈（爸爸）您是这样想的</mark>"。之后，再表达自己的不满，"但是，我是这样来考虑的"。

在暂时<mark>接受了对方的想法</mark>之后，再表达自己的不满，会更容易得到对方的理解。

只要不是需要父母提供建议的事情，我建议不要在事前和父母商量，而是改为<mark>在事后向父母汇报</mark>。

因为如果你在事前和父母商量，父母会一直为你担心，而且会给出各种建议"这样做会比较好""那样做会比较好"，由此很可能会使你们之间发生争执。所谓人生，归根结底是自己的人生，没有必要所有事情都和父母商量。因此很多事情都可以在事后再委婉地告诉父母"发生了这样一件事"。

案例 46

对孩子的不满即将爆发时

虽然知道说多了不好,但还是会忍不住向孩子发泄不满……

"现在我正在和你爸爸吵架,心情很烦躁,所以你可以等10分钟后再和我说话吗?"先明确规则,再表达不满!

在教育孩子时，最重要的是要**保持理性**。

当父母变得感情用事时，往往会"想要按照自己的想法来控制孩子""想要把自己的想法强加给孩子"，这样一来就不是在教育孩子，而是在操控孩子。

作为父母，当你不能保持理智时，请先不要和孩子说话，等自己冷静下来之后，再将自己希望孩子做的事情或者自己感到不满的事情告诉孩子。

如果不管不顾地向孩子发泄自己的情绪，孩子也会被你的情绪所影响，变得想要发泄情绪，这样一来，肯定就会演变成吵架。有些家长因为心里清楚这一点，觉得"反正都会演变成吵架"，于是就干脆不向孩子表达自己的不满。这样做会使自己积压在心里的不满情绪越来越强烈，由此陷入恶性循环。

父母也是人，所以有时也会因为孩子说的某句话而失去理性，感到不满。这是人之常情。

但是，如果因此而感情用事，责骂孩子，或者毫无顾忌地对孩子说"给我闭嘴"，那么从孩子的角度来看，会担心"自己被父母讨厌了"，也会对"为什么不让我说话"这件事感到不满。

为了避免这种情况发生，请父母认真地向孩子说明自己的情况吧！

"现在我的身体不太舒服，很容易感情用事，所以没办法好好听你说话，你能再给我一些时间吗？"

"现在我正在和你爸爸吵架，心情很烦躁，所以你可以等10分钟后再和我说话吗？"

就像这样，具体地向孩子表达自己的心情。

即使是还不会说话的小孩子，和他**对话**也同样有效。也许有人会觉得"即使我说了，小孩子也听不懂吧"，但其实并不是这样。

当你一直对哭个不停的婴儿说"我马上就去给你泡奶粉，稍等一下噢"，婴儿也会逐渐理解你的意思。在我看来，无论是多小的孩子，都应该把他当成一个正常人来对待，通过不断重复来与他进行对话，也许他就能理解你的意思。

因此，当你感到烦躁时，无论对方是多小的孩子，都要告诉对方"**你因为什么而烦躁**"。

等自己的情绪稳定下来之后，再直接向孩子表达不满。要告诉孩子明确的**规则**，这非常重要。

即使你对孩子发火说"你玩游戏玩得太久了"，孩子也不会明白，玩多长时间算是"玩得太久"。因此你应该制定相应的规则，例如，告诉孩子"我看见你最近好像一直在玩游戏，咱们把玩游戏的时间规定为每天一小时好吗"。

不要对孩子发火说"你怎么一点儿也不学习"，试着告诉孩子具体的目标，"从今天开始，每天做3张卷子吧"。

即使你对孩子说"别总是衣冠不整的，给我好好穿衣服"，孩子也可能并不知道"整洁的服装"是什么样子。如果你能具体地告诉孩子"袜子应该这样穿""衬衫的纽扣要系好"，孩子自然就能知道"该怎样好好穿衣服"。

不要从一开始就主动放弃，觉得"因为还是小孩子，所以说了也没用"，请一定要坚持和孩子进行对话。

索引

第 1 章 缓解紧张的方法

案例 1 | 夜晚无法入睡时→打开房间里的灯，起床吧！

案例 2 | 不能失败时→一边走楼梯，一边进行正面的意象训练！

案例 3 | 有人对自己发火时→试着张开手掌，然后握拳。重新转换心情！

案例 4 | 因为时间紧迫而变得焦虑时→暂时放下手头的工作，留出时间转换心情！

案例 5 | 想被他人认可时→失败是"提升好感度的要素"！

案例 6 | 与他人初次见面时→在见面之前，看 3 秒喜欢的照片！

第 2 章 提升专注力的方法

案例 7 | 工作的截止日期迫在眉睫时→屏蔽电子邮件和手

机上的消息！

案例 8｜从事单调的工作时→调暗电脑的亮度！

案例 9｜参加不感兴趣的会议时→间隔 10 ~ 15 分钟，主动发言！

案例 10｜开车时→摄入"糖分 + 咖啡因"！

第 3 章　激发干劲的方法

案例 11｜工作堆积如山时→写出需要做的事情，并对其进行排序。总之，先行动起来！

案例 12｜居家办公时→改变办公时的场所或椅子！

案例 13｜为了考取资格证书而学习时→"解决 10 个问题就吃一块巧克力。"设定奖励！

案例 14｜家务堆积如山时→"刷完牙之后清洗洗脸台"，养成日常的习惯！

第 4 章　抑制愤怒的方法

案例 15｜被安排了不合理的工作时→在大脑中从 100 数

到 0！

案例 16 ｜ 别人说了让自己不舒服的话时→淡定地告诉对方"听到你这样说，我很难过"。

案例 17 ｜ 由于他人的失误而导致工作无法顺利进行时→喝一杯香气扑鼻的咖啡或茶！

案例 18 ｜ 被另一半抱怨时→大口吐气！

案例 19 ｜ 因为另一半而吃醋时→对着镜子，发散自己的思维！

第 5 章 克服悲伤的方法

案例 20 ｜ 感到悲伤时→将房间调暗，让自己彻底沉浸在悲伤中！

案例 21 ｜ 另一半对自己冷言冷语时→播放能让自己流泪的电影或音乐，让自己哭个痛快！

案例 22 ｜ 被孩子说了过分的话时→"我听你这样说，真的很伤心。你为什么会说出这种话呢？"直接地表达自己的感情！

案例 23 ｜ 对方回复消息很冷淡时→去泡澡或做按摩，放松身体！

案例 24 ｜ 另一半很少联系自己时→将手机关机，去做伸展运动！

第 6 章 消除不安的方法

案例 25 ｜ 不确定自己的工作是否会进展顺利时→将日程表上安排的事情提前，总之，先开始工作！

案例 26 ｜ 担心自己会在工作中犯同样的错误时→不管怎样，先休息，然后重新开始！

案例 27 ｜ 怀疑自己在公司里被同事讨厌时→试着客观地问自己"真的是这样吗？"

案例 28 ｜ 怀疑自己被另一半讨厌而坐立不安时→"不享受现在，其实是一种损失。"将注意力集中在"当下"！

案例 29 ｜ 对未来感到迷茫和不安时→填满自己的日程表，让自己没有时间感到不安！

第 7 章　减轻恐惧的方法

案例 30 ｜ 对上司感到恐惧时→首先，通过邮件、聊天软件以及平时见面打招呼等方式，增加"与上司产生联系的次数"！

案例 31 ｜ 被强势的人拜托做某事时→尽早拒绝对方拜托你的事情！

案例 32 ｜ 害怕他人的目光时→直截了当地告诉大家"我现在很紧张"！

第 8 章　转化遗憾的方法

案例 33 ｜ 没能完成工作指标时→把它当作是"开始做一件新事情的绝佳机会"，继续付出微小的努力！

案例 34 ｜ 业绩被同事赶超时→不要将他人视为对手，而要将"过去的自己"视为对手！

案例 35 ｜ 替他人收拾烂摊子时→就当作是"卖个人情给对方"吧！

案例 36 ｜ 对方在你面前显示优越感时→就把她当作是"没

能得到满足的可怜人"吧！

案例37 | 在社交平台上看到令自己羡慕的动态时→限制自己使用社交软件的时间和次数！

第9章 克服害羞的方法

案例38 | 在大家面前失败时→在心中默念10遍"实际上，别人并不会关注我"！

案例39 | 和喜欢的异性接触时→从和对方说"早上好"开始！

案例40 | 被他人称赞时→自信地回复对方"谢谢你"！

案例41 | 突然想起让自己感到难堪的事情时→将自己"现在"对这份记忆的感情记录下来！

第10章 消除不满的方法

案例42 | 难以抑制对于公司的不满时→向他人抱怨！

案例43 | 对职场中的人感到不满时→趁着不满的情绪还没有那么严重时，以"提意见"的形式，坦率地

表达出自己的不满!

案例 44 | 对另一半感到不满时→"周三的时候,把这个垃圾扔一下吧"。用尽可能具体的表达方式,来拜托对方进行改变!

案例 45 | 对父母感到不满时→先接受父母的意见,然后再发表自己的意见!

案例 46 | 对孩子的不满即将爆发时→"现在我正在和你爸爸吵架,心情很烦躁。所以你可以等 10 分钟后再和我说话吗?"先明确规则,再表达不满!

★★★ 敏感系列 ★★★

★★★ 女性成长系列 ★★★

★★★ 自我疗愈系列 ★★★

★★★ 应对系列 ★★★

应对焦虑
摆脱焦虑的十种即时策略

应对情绪失控
捕捉急躁的十二种即时策略

应对压力
缓解压力的十种即时策略

再见，自卑
克服自我怀疑的十个即时策略